高职高专计算机类专业系列教材

Android应用程序开发

主　编　吴文明　蒋文豪　张　扬

副主编　陈和洲

西安电子科技大学出版社

内 容 简 介

本书以 Android 10.0 为基础，使用 Android Studio 进行程序开发。

本书以培养读者完成简单 Android 应用程序开发为目标，以 Android 应用程序的开发环境搭建、界面设计、功能实现、典型应用为主线选取教学内容和设计教学单元，具体内容包括 Android 应用与开发环境，界面与资源，数据存储，通知、服务与广播，传感器，音频与视频，网络通信等。各章(除第 1 章外)采用任务驱动的方式设计，按照任务目标—实施步骤—案例分析—相关知识的步骤讲解关键内容，最后通过综合案例将本章所有知识关联起来，由浅入深，易学易教。

本书不仅适用于高职院校软件开发、嵌入式开发等相关专业学生学习，也可作为 Android 开发爱好者的入门参考书籍。

图书在版编目(CIP)数据

Android 应用程序开发/吴文明，蒋文豪，张扬主编.
—西安：西安电子科技大学出版社，2020.12
ISBN 978–7–5606–5918–3

Ⅰ.① A…　Ⅱ.① 吴…　② 蒋…　③ 张…　Ⅲ.① 移动终端—应用程序—程序设计
Ⅳ.① TN929.53

中国版本图书馆 CIP 数据核字(2020)第 228605 号

策划编辑　刘玉芳
责任编辑　翟月华　刘玉芳
出版发行　西安电子科技大学出版社(西安市太白南路 2 号)
电　　话　(029)88242885　88201467　　邮　　编　710071
网　　址　www.xduph.com　　电子邮箱　xdupfxb001@163.com
经　　销　新华书店
印刷单位　咸阳华盛印务有限责任公司
版　　次　2020 年 12 月第 1 版　2020 年 12 月第 1 次印刷
开　　本　787 毫米×1092 毫米　1/16　印　张　17.5
字　　数　414 千字
印　　数　1～3000 册
定　　价　38.00 元
ISBN 978-7-5606-5918-3/TN

XDUP 6220001-1

如有印装问题可调换

前　言

Android 是一种基于 Linux 的自由及开放源代码的操作系统，主要用于移动设备，如智能手机和平板电脑。Android 是由谷歌公司和开放手机联盟领导及开发的，中文一般称之为安卓。该系统发展非常迅速，截至本书出版前，其版本已经发展到 10.0。

Android Studio 是一个为 Android 平台开发程序的集成开发环境，2013 年 5 月 16 日在 Google I/O 上发布，可供开发者免费使用。Android Studio 允许开发者在编写程序的同时看到自己的应用在不同尺寸屏幕中的样子。

Android 从 2007 年推出以来其市场占有率越来越高，同时也从手机行业逐渐向其它行业渗透，使用范围越来越广。面对这种形势，开发者纷纷转向 Android 应用开发，在高职高专院校也普遍开设了 Android 课程。为了帮助高职高专学生以及其他初学者学习 Android，本书对 Android 的基础知识进行了系统详细的介绍，并通过任务目标—实施步骤—案例分析—相关知识的步骤对各项知识点做了由浅入深的讲解。

本书具有以下特色：

(1) 紧跟行业发展，选取最新内容。

目前市面上新推出的 Android 手机系统基本都是 Android 10.0。为了保证知识有效，书中所有案例均在 Android 10.0 上通过测试，避免了程序编写正确却无法在手机上运行的问题。

(2) 充分考虑认知习惯，合理设置教学流程。

采用任务驱动的编写方式，本着易学、易教、精讲的教学原则，对每个单元按照认知习惯，通过介绍任务案例、精解分析案例、扩展相关知识的步骤将 Android 知识由浅入深地展现出来，避免了先罗列知识再学习案例导致难以理解的情况。

(3) 照顾读者层次，易学易懂。

使用应用程序编程接口(API)是 Android 开发的关键，考虑到高职高专学生的英语基础普遍薄弱，在每个单元的开始部分列出了本单元涉及的主要英文单词，让学生对 Android 中 API 的名称和作用有明确的认识，帮助学生克服英文障碍，协助其记忆相关 API。

(4) 案例丰富，方便教与学。

学习编程最好的方法就是大量地练习。本书所有知识点都安排了案例，并对其做了详细的讲解分析，每个单元最后单独安排了一个能够关联所有内容的综合实例。丰富的案例既方便学生自学，也方便教师教学。

本书由重庆航天职业技术学院吴文明、蒋文豪、张扬、陈和洲共同编写。重庆航天职业技术学院计算机系 2017 级多位同学参与了代码整理工作，在此表示感谢。

由于编者水平有限，书中欠妥之处在所难免，敬请专家与读者批评指正。本书提供电子教案、源码等相关教学资源，需要者可与编者联系。编者电子信箱：willstier@hotmail.com。

编　者

2020 年 9 月

前言

目　　录

第 1 章　Android 应用与开发环境

✧ 教学导航

教学目标	(1) 了解 Android 及其发展； (2) 掌握 Android Studio 的安装方法； (3) 熟悉 Android 应用开发的基本流程； (4) 熟悉文件结构和工具的配置使用
单词	Android　Studio　Manifests　Gradle　Resource　Drawable

1.1　Android 的发展和简介

1.1.1　关于 Android

Android 是一种基于 Linux 的自由及开放源代码的操作系统，主要用于移动设备，如智能手机和平板电脑。下面介绍 Android 的发展历程。

2003 年 10 月，Andy Rubin 等人创建了 Android 公司，并组建了 Android 团队。

2005 年 8 月 17 日，谷歌收购了成立仅 22 个月的高科技企业 Android 及其团队。Andy Rubin 成为谷歌公司工程部副总裁，继续负责 Android 项目。

2007 年 11 月 5 日，谷歌正式向外界展示了名为 Android 的操作系统，并且在这一天，谷歌宣布建立一个全球性的联盟组织。该组织由 34 家手机制造商、软件开发商、电信运营商以及芯片制造商共同组成，并与 84 家硬件制造商、软件开发商及电信运营商组成开放手持设备联盟(Open Handset Alliance)来共同研发和改良 Android 系统。这一联盟将支持谷歌发布的手机操作系统以及应用软件。随后谷歌以 Apache 免费开源许可证的授权方式，发布了 Android 的源代码。

2008 年 9 月，谷歌正式发布了 Android 1.0 版本，这是 Android 系统最早的版本。

2009 年 4 月，谷歌正式推出了 Android 1.5 版本。从 Android 1.5 版本开始，谷歌开始将 Android 的版本以甜品的名字命名。Android 1.5 命名为 Cupcake(纸杯蛋糕)。该版本与 Android 1.0 相比有了很大的改进。

2009 年 9 月，谷歌发布了 Android 1.6 的正式版，它被称为 Donut(甜甜圈)。

2010 年 5 月，谷歌正式发布了 Android 2.2 操作系统。谷歌将 Android 2.2 操作系统命

名为 Froyo(冻酸奶)。

2010 年 10 月，谷歌宣布 Android 系统实现了第一个里程碑，即电子市场上获得官方数字认证的 Android 应用数量已经达到了 10 万个，Android 系统的应用增长非常迅速。

2010 年 12 月，谷歌正式发布了 Android 2.3 操作系统 Gingerbread (姜饼)。

2011 年 8 月 2 日，Android 手机已占据全球智能机市场 48%的份额，并在亚太地区市场占据统治地位，终结了 Symbian(塞班)系统的霸主地位，跃居全球第一。

2011 年 9 月，Android 系统的应用数目达到了 48 万，而在智能手机市场，Android 系统的占有率达到了 43%，继续排在移动操作系统首位。

2011 年 10 月 19 日，Android 4.0 Ice Cream Sandwich(冰激凌三明治)版本发布。

2012 年 6 月 28 日，Android 4.1 Jelly Bean(果冻豆)版本发布。

2012 年 10 月 30 日，Android 4.2 Jelly Bean(果冻豆)版本发布。

2013 年 11 月 1 日，Android 4.4 KitKat(奇巧巧克力)版本发布。

2014 年 10 月 15 日，Android 5.0 Lollipop(棒棒糖)版本发布。

2015 年 9 月 30 日，Android 6.0 Marshmallow(棉花糖)版本发布。

2016 年 8 月 22 日，Android 7.0 Nougat(牛轧糖)版本发布。

2017 年 8 月 22 日，Android 8.0 Oreo(奥利奥)版本发布。

2018 年 5 月 9 日，Android 9.0 Pie (派)版本发布。

2019 年 9 月 3 日，Android 10.0 正式版发布。

Android 平台提供了一种框架 API(Application Programming Interface，应用程序编程接口)，实际应用中可利用它与底层 Android 系统进行交互。该框架 API 由以下部分组成：

(1) 一组核心软件包和类。

(2) 一组用于声明清单文件的 XML 元素和属性。

(3) 一组用于声明和访问资源的 XML 元素和属性。

(4) 一组 Intent。

(5) 一组应用程序可请求的权限，包括系统中的强制执行权限。

API 级别是一个对 Android 平台版本提供的框架 API 修订版进行唯一标识的整数值。表 1-1-1 所示为 Android 平台和 API 级别的对应关系。

表 1-1-1　Android 平台和 API 级别的对应关系

平台版本	API 级别
Android 10.0	API level 29
Android 9.0	API level 28
Android 8.0	API level 26
Android 7.0	API level 24
Android 6.0	API level 23
Android 5.0	API level 21
Android 4.4	API level 19
Android 4.3	API level 18
Android 4.2	API level 17
Android 4.1	API level 16

1.1.2　Android 体系结构

谷歌官方提供了一张经典的四层结构图，如图 1-1-1 所示，从下往上依次分为 Linux 内核、系统运行库、应用程序框架以及应用程序。Android 应用程序开发通常在上面两层进行。

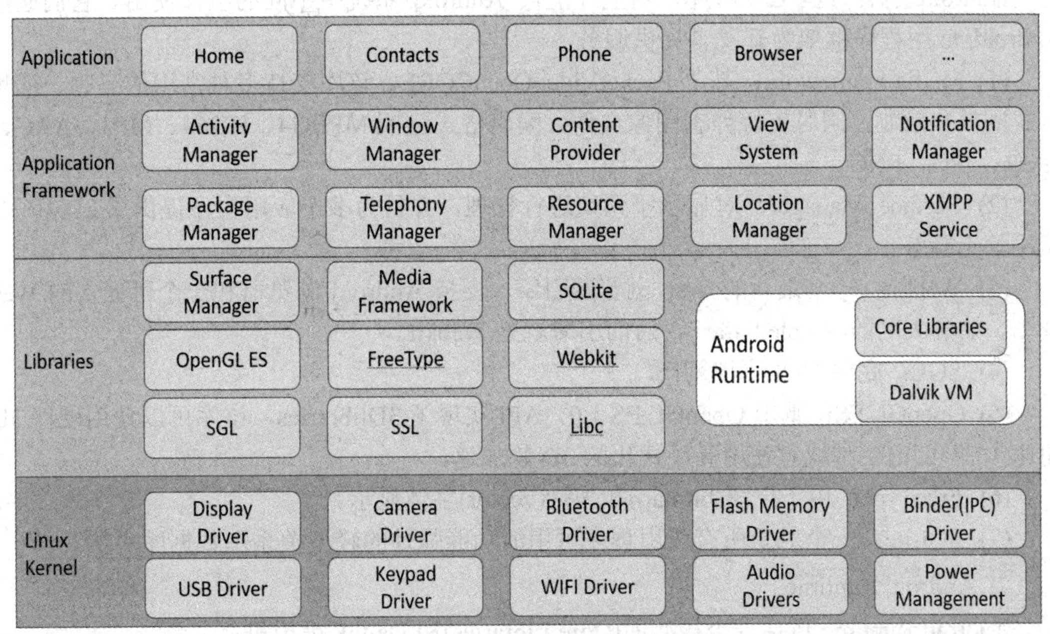

图 1-1-1　Android 体系结构

1. 应用程序(Application)

Android 同一系列核心应用程序包一起发布。该应用程序包包括 E-mail 客户端、SMS 短消息程序、日历、地图、浏览器、联系人管理程序等。所有的应用程序都是使用 Java 语言编写的。

2. 应用程序框架(Application Framework)

开发人员也可以完全访问核心应用程序所使用的 API 框架。该应用程序的架构设计简化了组件的重用；任何一个应用程序都可以发布它的功能块并且任何其它应用程序都可以使用其发布的功能块(不过必须遵循框架的安全性限制)。同样地，该应用程序重用机制也使用户可以方便地替换程序组件。

在每个应用后面是一系列服务和系统，包括：

(1) 视图(Views System)：可以用来构建应用程序，它包括列表(lists)、网格(grids)、文本框(text boxes)、按钮(buttons)，甚至可嵌入的 Web 浏览器。

(2) 内容提供器(Content Provider)：使应用程序可以访问另一个应用程序的数据(如联系人数据库)，或者共享它们自己的数据。

(3) 资源管理器(Resource Manager)：提供非代码资源的访问，如本地字符串、图形和布局文件(layout files)等。

(4) 通知管理器(Notification Manager)：用于在状态栏中显示自定义提示信息。

(5) 活动管理器(Activity Manager)：管理应用程序生命周期并提供常用的导航回退功能。

3. 系统运行库(Libraries)

1) 程序库

Android 包含一些 C/C++库，这些库能被 Android 系统中不同的组件使用。它们通过 Android 应用程序框架为开发者提供服务。

(1) Media Framework：基于 PacketVideoOpenCORE，该库支持多种常用的音频、视频格式回放和录制，同时支持静态图像文件。编码格式包括 MPEG4、H.264、MP3、AAC、AMR、JPG、PNG。

(2) Surface Manager：对显示子系统进行管理，并且为多个应用程序提供了 2D 和 3D 图层的无缝融合。

(3) Webkit：一个最新的 Web 浏览器引擎，支持 Android 浏览器和一个可嵌入的 Web 视图。鼎鼎大名的 Apple Safari 背后的引擎就是 Webkit。

(4) SGL：底层的 2D 图形引擎。

(5) OpenGL ES：基于 OpenGL ES 1.0，API 实现了 3Dlibraries，该库可以使用硬件 3D 加速(如果可用的话)或者使用高度优化的 3D 软加速。

(6) FreeType：用于位图(bitmap)和矢量(vector)字体显示。

(7) SQLite：一个对于所有应用程序可用的功能强劲的轻型关系型数据库引擎。

2) Android Runtime

Android Runtime 包括一个核心库(Core Libraries)和 Dalvik 虚拟机。

核心库提供了 Java 编程语言核心库的大多数功能。

Dalvik 是谷歌公司自己设计的用于 Android 平台的虚拟机。它可以支持已转换为 .dex(即 Dalvik Executable)格式的 Java 应用程序的运行。.dex 格式是专为 Dalvik 设计的一种压缩格式，适合内存和处理器速度有限的系统。Dalvik 经过优化，允许在有限的内存中同时运行多个虚拟机的实例，并且每个 Dalvik 应用作为一个独立的 Linux 进程执行。独立的进程可以防止在虚拟机崩溃的时候所有程序都被关闭。

Dalvik 的效率并不是最高的。从 Android 4.4 开始，Google 开发者引进了新的 Android 运行环境 ART。ART 的英文全称为 Android Runtime。与传统的 Dalvik 不同，ART 可以实现更为流畅的安卓系统体验，不过只有在安卓 4.4 以上版本系统中才有此功能。Android 5.0 版本系统彻底从 Dalvik 转换为 ART。

1.2 安装 Android Studio

Android Studio 是一个基于 IntelliJ IDEA 的开发环境。Android Studio 提供了集成的 Android 开发工具，用于开发和调试。在 IDEA 的基础上，Android Studio 提供的功能如下：

(1) 具有 Android 专属的重构和快速修复功能。

(2) 提供提示工具以解决捕获性能、可用性、版本兼容性等问题。

(3) 支持 ProGuard 和应用签名。

(4) 基于模板的向导生成常用的 Android 应用设计和组件。

(5) 具有功能强大的布局编辑器，可以让用户拖曳 UI 控件并进行效果预览。

1.2.1　下载 Android Studio

Android Studio 安装程序的下载地址为 http://www.android-studio.org，下载页面如图 1-2-1 所示。

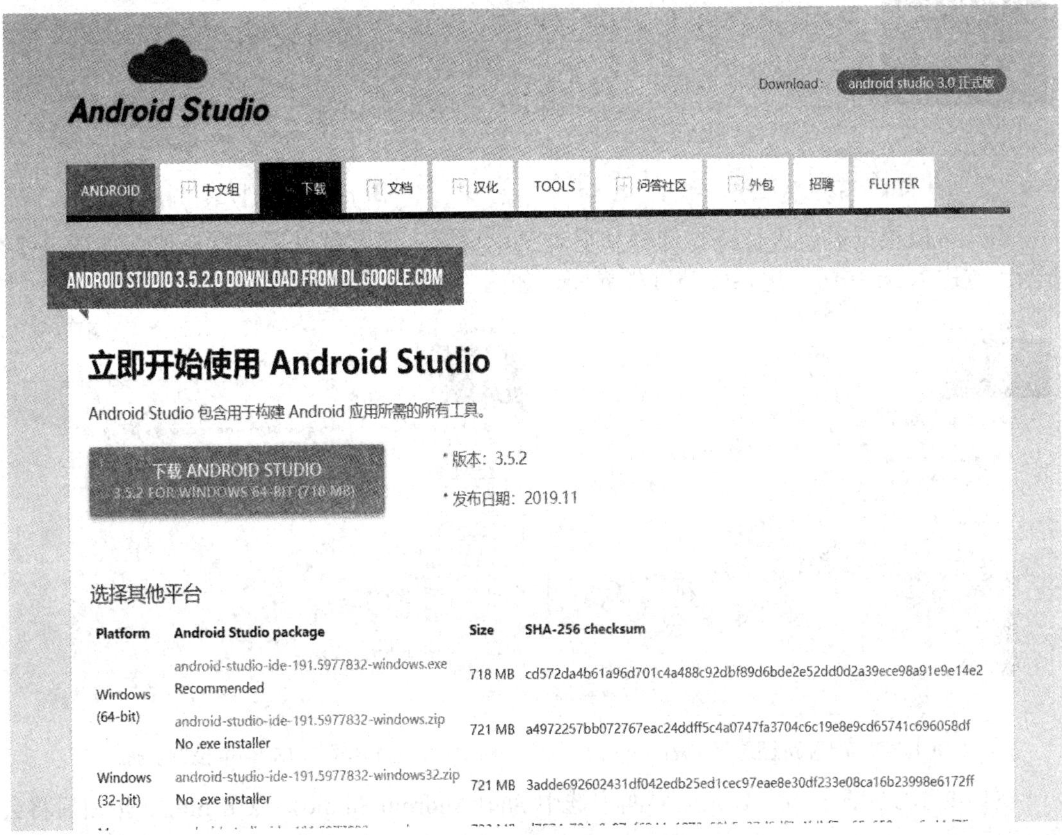

Android Studio

Download: android studio 3.0 正式版

ANDROID　中文组　下载　文档　汉化　TOOLS　问答社区　外包　招聘　FLUTTER

ANDROID STUDIO 3.5.2.0 DOWNLOAD FROM DL.GOOGLE.COM

立即开始使用 Android Studio

Android Studio 包含用于构建 Android 应用所需的所有工具。

下载 ANDROID STUDIO
3.5.2 FOR WINDOWS 64-BIT (718 MB)

· 版本：3.5.2

· 发布日期：2019.11

选择其他平台

Platform	Android Studio package	Size	SHA-256 checksum
Windows (64-bit)	android-studio-ide-191.5977832-windows.exe Recommended	718 MB	cd572da4b61a96d701c4a488c92dbf89d6bde2e52dd0d2a39ece98a91e9e14e2
	android-studio-ide-191.5977832-windows.zip No .exe installer	721 MB	a4972257bb072767eac24ddff5c4a0747fa3704c6c19e8e9cd65741c696058df
Windows (32-bit)	android-studio-ide-191.5977832-windows32.zip No .exe installer	721 MB	3adde692602431df042edb25ed1cec97eae8e30df233e08ca16b23998e6172ff

图 1-2-1　Android Studio 下载页面

在下载时应注意选择符合自己系统平台的版本。本书使用的版本为 ANDROID STUDIO 3.5.2 FOR WINDOWS 64-BIT (718 MB)，文件名为 android-studio-ide-191.5977832-windows.exe，发布日期为 2019 年 11 月。

1.2.2　安装 Android Studio

下载完毕后，双击下载的 exe 文件，启动安装向导，如图 1-2-2 所示。安装过程中可能需要到网络上实时获取所需文件，因此应保持网络畅通。不需要设置的界面可以直接点击 Next 按钮。

在图 1-2-3 所示的组件选择界面中，Android Studio 为必选项，Android Virtual Device 为虚拟机选项，如果用户不使用虚拟机或者 SDK 中的虚拟机，则可以不勾选。在此处默认使用选择状态，然后点击 Next 按钮进入图 1-2-4 所示的配置路径选择界面。

图 1-2-2　欢迎界面

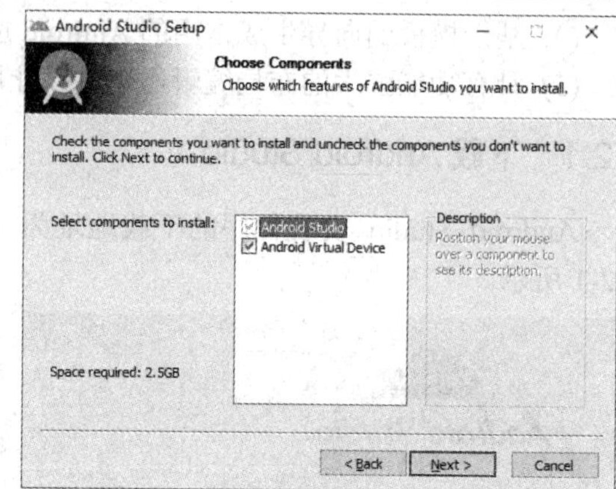

图 1-2-3　组件选择界面

用户可以根据需要进行路径选择和启动菜单设置，通常可以采用默认值，如图 1-2-5 所示。点击 Next 按钮，进入安装进程界面，如图 1-2-6 所示。

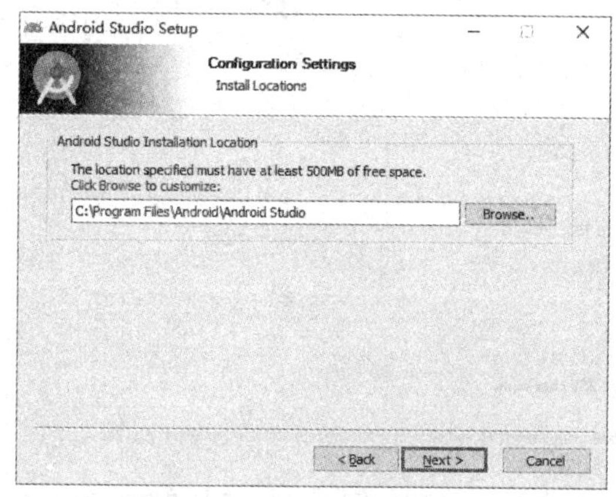

图 1-2-4　配置路径选择界面

图 1-2-5　启动菜单设置界面

在如图 1-2-7 所示的安装完成界面中选中 Start Android Studio，点击 Finish 按钮后将会直接启动 Android Studio。

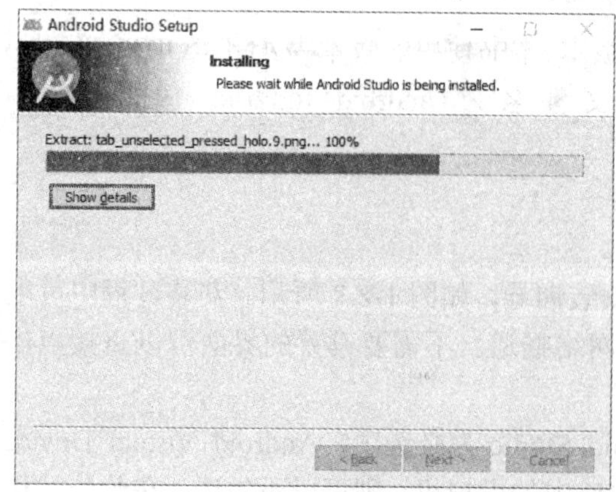

图 1-2-6　安装进程界面

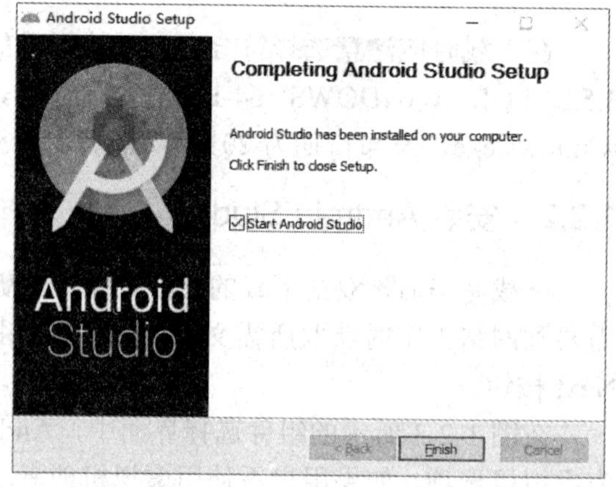

图 1-2-7　安装完成界面

1.2.3　启动配置 Android Studio

安装完成后启动 Android Studio，将会出现导入配置文件界面，如图 1-2-8 所示。

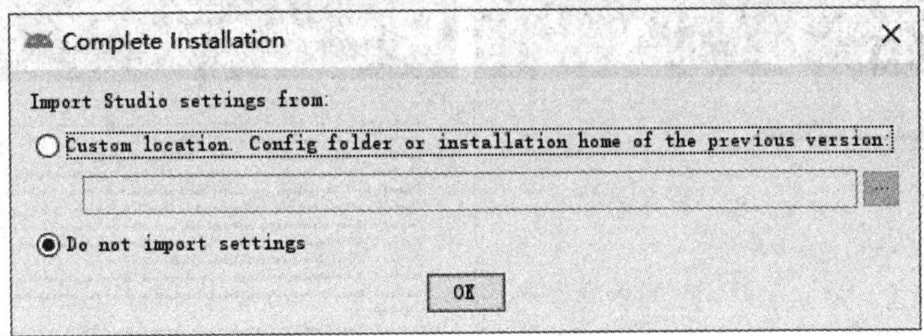

图 1-2-8　导入配置文件界面

如果之前使用过 Android Studio，则选择第一个选项导入配置，否则选择第二项不导入配置。点击 OK 按钮进入如图 1-2-9 所示的安装向导欢迎界面。点击 Next 按钮，进入图 1-2-10 所示的选择配置类型界面。

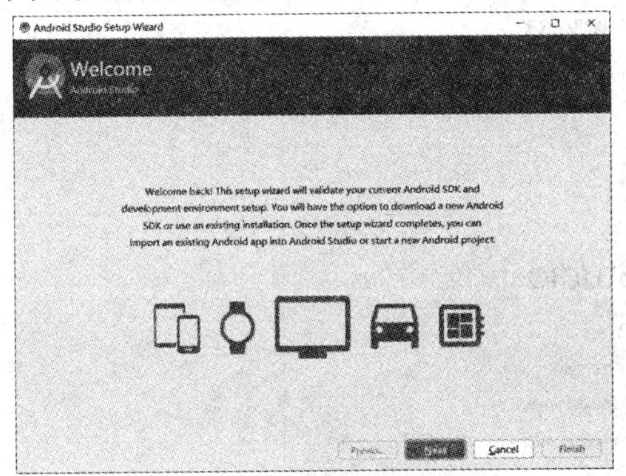

图 1-2-9　安装向导欢迎界面

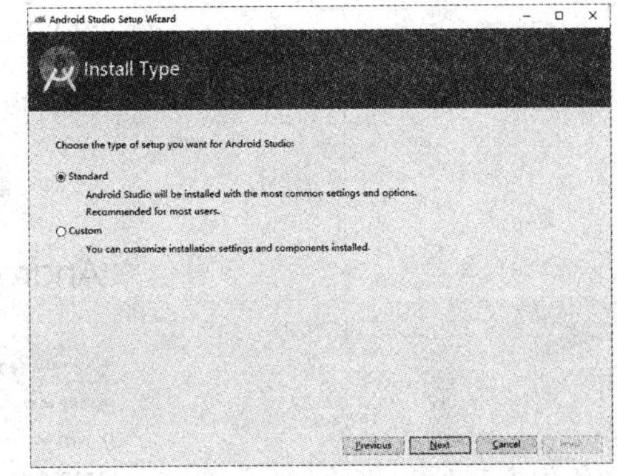

图 1-2-10　选择配置类型

在图 1-2-10 中，Standard 为通用标准配置，Custom 为自定义配置。一般用户选择第一项即可。点击 Next 进入图 1-2-11 所示的 UI 主题选择界面，选择自己喜欢的风格，此处选择 IntelliJ 主题。继续点击 Next 按钮，进入图 1-2-12 所示的核对设置界面。

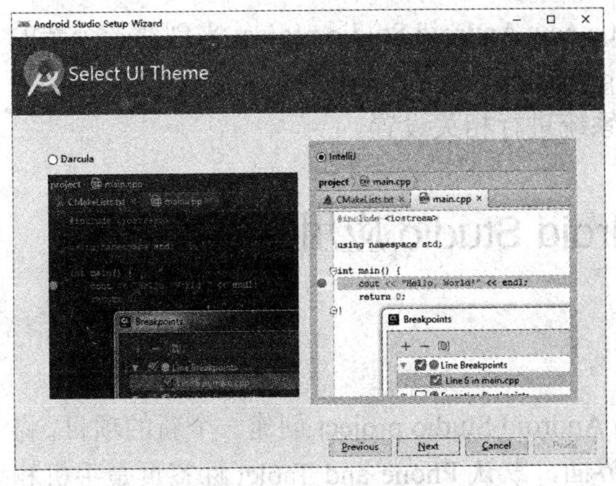

图 1-2-11　UI 主题选择界面

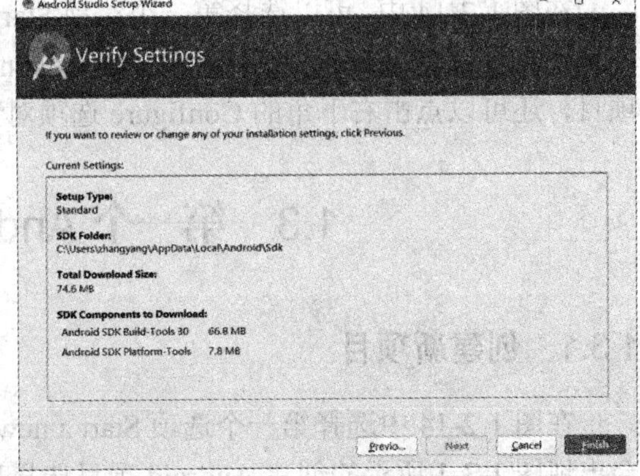

图 1-2-12　核对设置界面

在图 1-2-12 中点击 Finish 后，进入图 1-2-13 所示的下载界面。等待下载完成后点击 Finish 按钮，将会进入图 1-2-14 所示的系统启动选项界面。

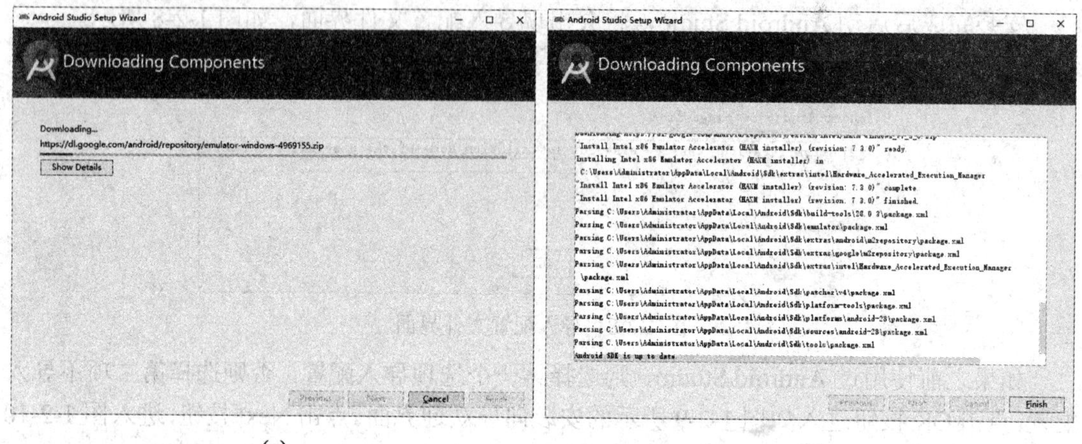

(a)　　(b)

图 1-2-13　下载界面

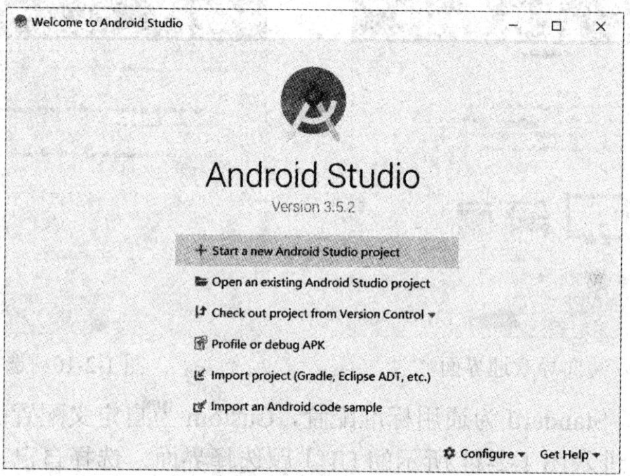

图 1-2-14　系统启动选项

在图 1-2-14 中，可以选择第一个选项 Start a new Android Studio project 来创建一个新的项目，也可以使用第二个选项 Open an existing Android Studio project 打开一个已经存在的项目，还可以点击右下角的 Configure 选项对系统进行相关设置。

1.3　第一个 Android Studio 应用

1.3.1　创建新项目

在图 1-2-14 中选择第一个选项 Start a new Android Studio project 创建一个新的项目，将会出现图 1-3-1 所示的创建 Android 项目选择界面，默认 Phone and Tablet 标签页是手机和平板项目。

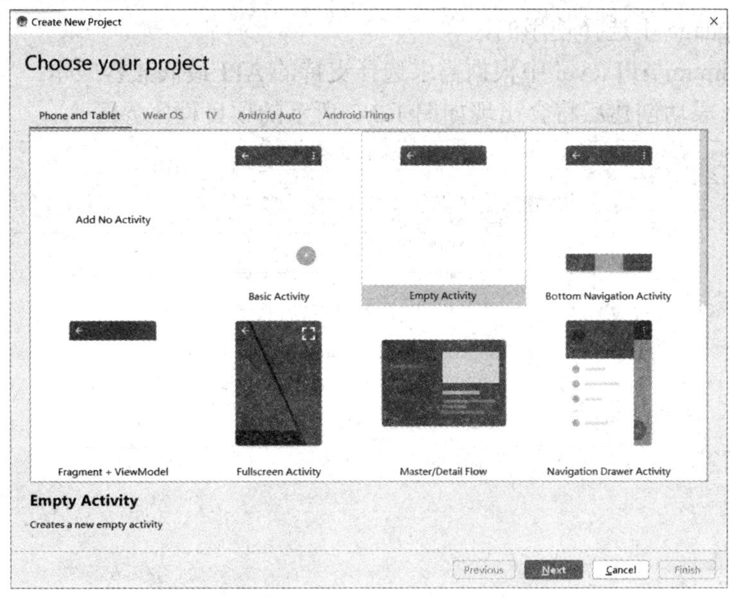

图 1-3-1　创建 Android 项目选择界面

在该界面中有多个 Activity 模板可以选择，此处选择(Empty Activity)空白模板。点击(Next)进入配置项目界面，如图 1-3-2 所示。

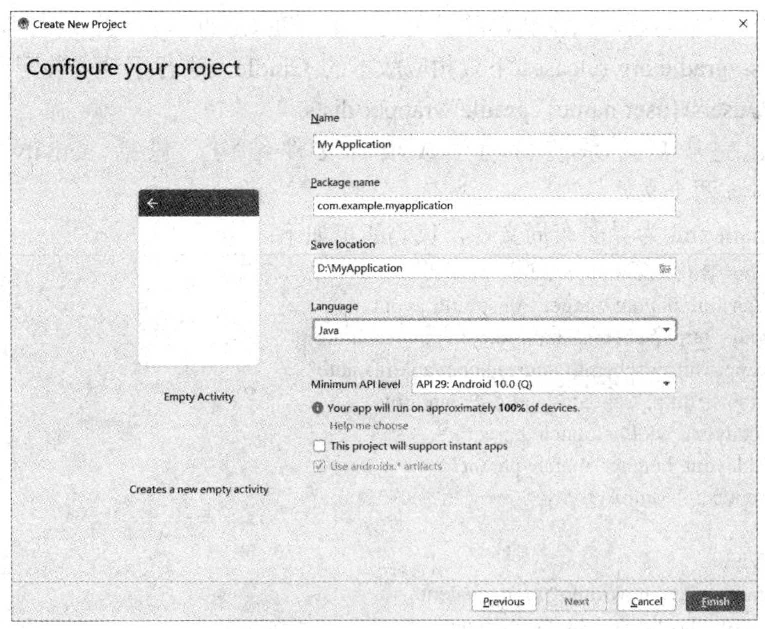

图 1-3-2　配置项目界面

配置项目操作如下：

(1) 在 Name 中输入项目名称。

(2) 在 Package name 中输入包名。每一个 App 都有一个独立的包名，如果两个 App 的包名相同，则 Android 会认为它们是同一个 App。因此应当保证不同的 App 有不同的包名。

(3) 在 Save location 中选择项目存放位置路径。

(4) 在 Language 中选择使用的语言。

(5) 在 Minimum API level 中根据需求选择支持的 API 最低兼容版本。

点击 Finish 成功创建后将会出现如图 1-3-3 所示的项目程序界面。

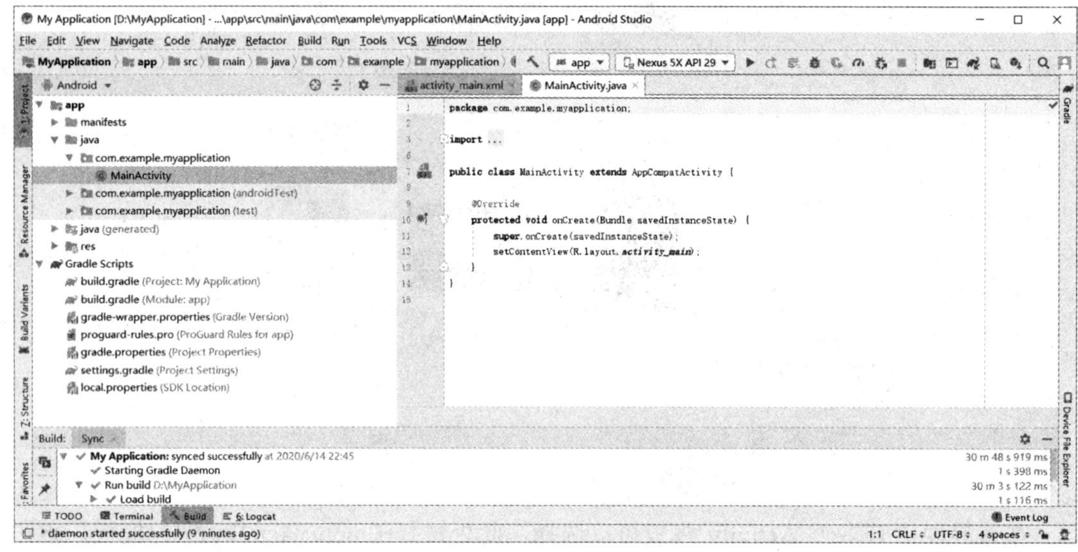

图 1-3-3 项目程序界面

注意：由于网络问题，初次新建项目可能会停留在 Gradle sync 较长时间，如有需要可以到网站 https://gradle.org/releases/下载相应版本的 Gradle，进行手动安装配置。Gradle 安装后存放在 C:\users\{user name}\.gradle\wrapper\dists。

文件新建完毕后，系统自动生成项目文件结构，包括 activity_main.xml 和 MainActivity.java 两个文件。

activity_main.xml 为界面布局文件，代码清单如下：

```
<?xml version="1.0" encoding="utf-8"?>
<androidx.constraintlayout.widget.ConstraintLayout
xmlns:android="http://schemas.android.com/apk/res/android"
    xmlns:app="http://schemas.android.com/apk/res-auto"
    xmlns:tools="http://schemas.android.com/tools"
    android:layout_width="match_parent"
    android:layout_height="match_parent"
    tools:context=".MainActivity">

    <TextView
        android:layout_width="wrap_content"
        android:layout_height="wrap_content"
        android:text="Hello World!"
        app:layout_constraintBottom_toBottomOf="parent"
        app:layout_constraintLeft_toLeftOf="parent"
        app:layout_constraintRight_toRightOf="parent"
        app:layout_constraintTop_toTopOf="parent" />

</androidx.constraintlayout.widget.ConstraintLayout>
```

在此布局文件中可以看到，系统自动生成了一个约束布局(ConstraintLayout)界面，布局中从第 10 行开始到 17 行包含了一个 text 内容为“Hello World!”的 TextView 文本控件。关于布局的相关知识将在后续章节进行讲解。

MainActivity.java 为程序处理文件，代码清单如下：

```
package com.hello.administrator.myapplication;

import android.support.v7.app.AppCompatActivity;
import android.os.Bundle;

public class MainActivity extends AppCompatActivity {

    @Override
    protected void onCreate(Bundle savedInstanceState) {
super.onCreate(savedInstanceState);
setContentView(R.layout.activity_main);
    }
}
```

在此文件中可以看到，系统运行后将会通过 setContentView( )方法调用 activity_main.xml 进行结果显示。接下来需要对虚拟机进行配置并启动，然后通过虚拟机运行第一个项目。

1.3.2　启动模拟器

程序运行时可以直接使用真机测试，通常情况下需要使用模拟器模拟运行结果。在程序的工具栏中点击图标(AVDManager)或点击菜单【Tool】|【AVDManager】，准备创建虚拟机。弹出如图 1-3-4 所示项目程序界面。

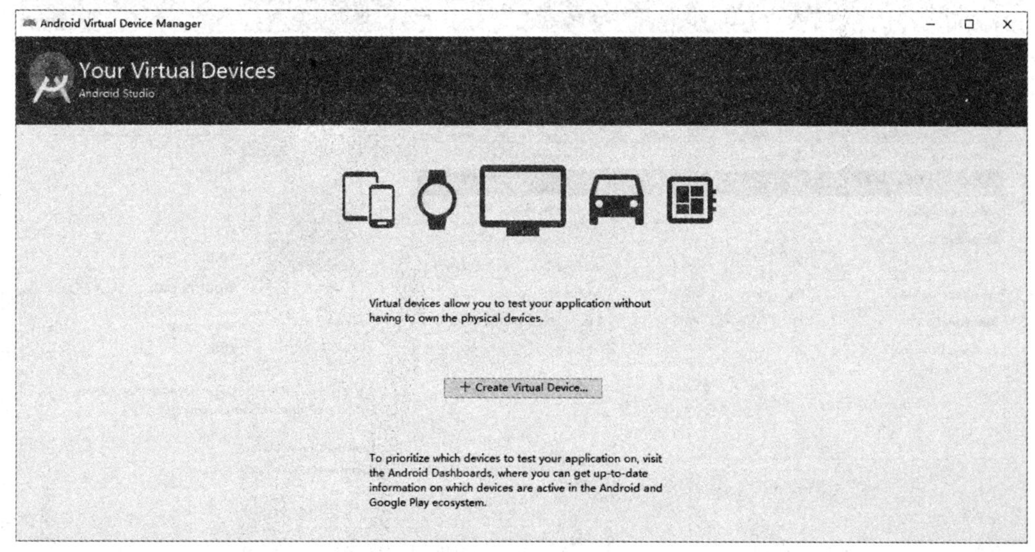

图 1-3-4　项目程序界面

点击图 1-3-4 中的【Create Virtual Device…】按钮开始创建虚拟机，进入图 1-3-5 所示设备选择界面。

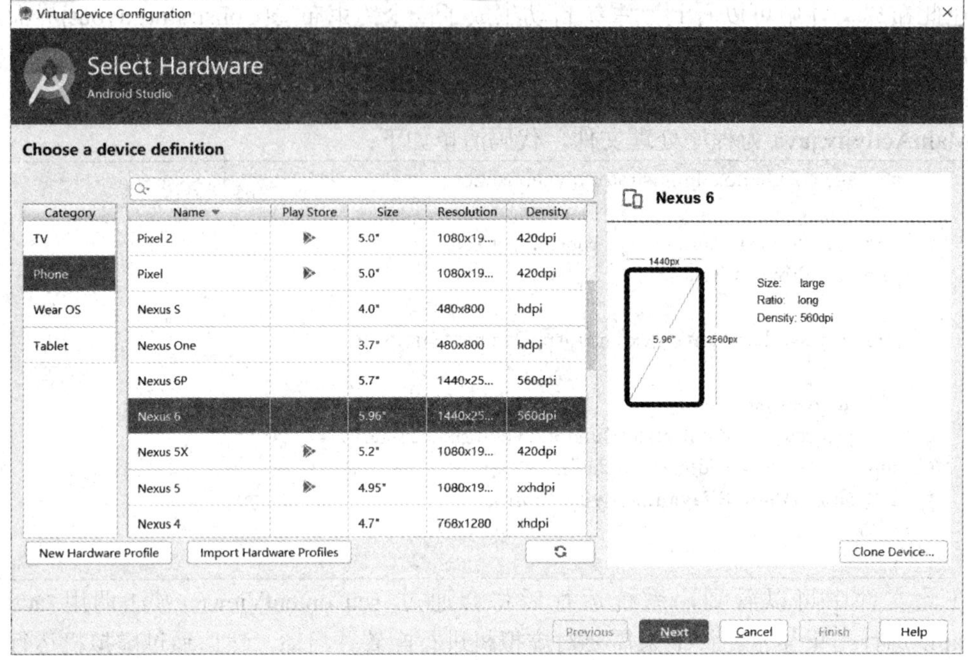

图 1-3-5　设备选择

在图 1-3-5 中选择一个合适的虚拟机设备配置，点击 Next 按钮继续，进入图 1-3-6 所示系统选择界面，选择使用的系统映像。

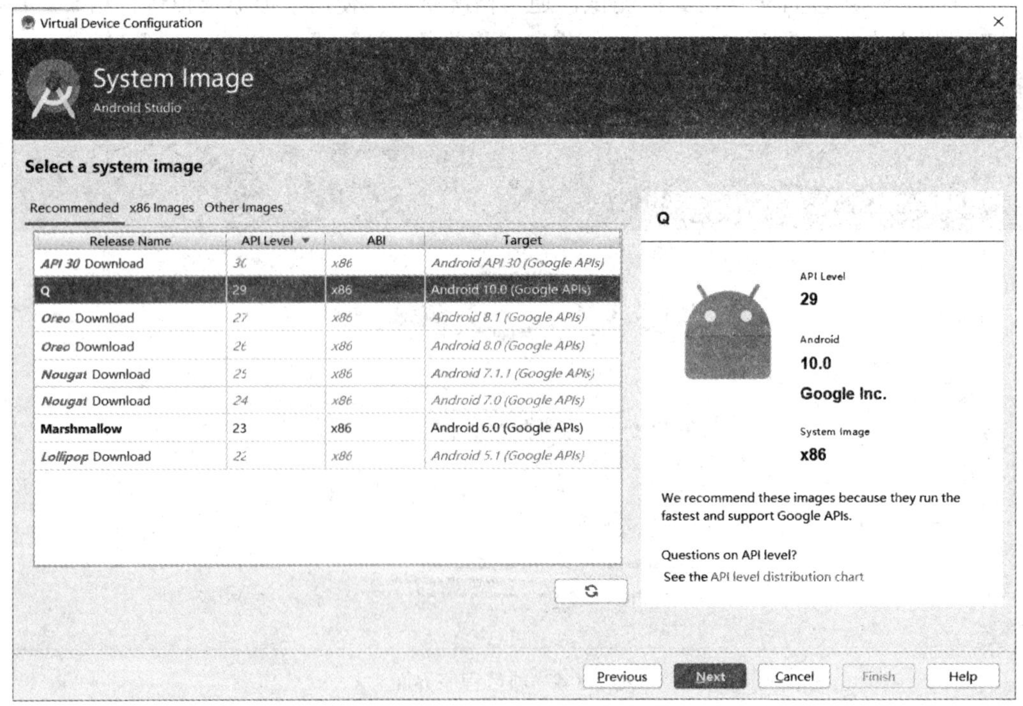

图 1-3-6　系统选择

在图 1-3-6 中选择一个虚拟系统映像。映像后显示 Download 字样的可以从互联网下载。

根据项目版本需求，下载并安装相应的 Android 版本。此处选择一个已经下载好的版本 Android 10.0。点击 Next 进入虚拟设备配置界面，如图 1-3-7 所示。

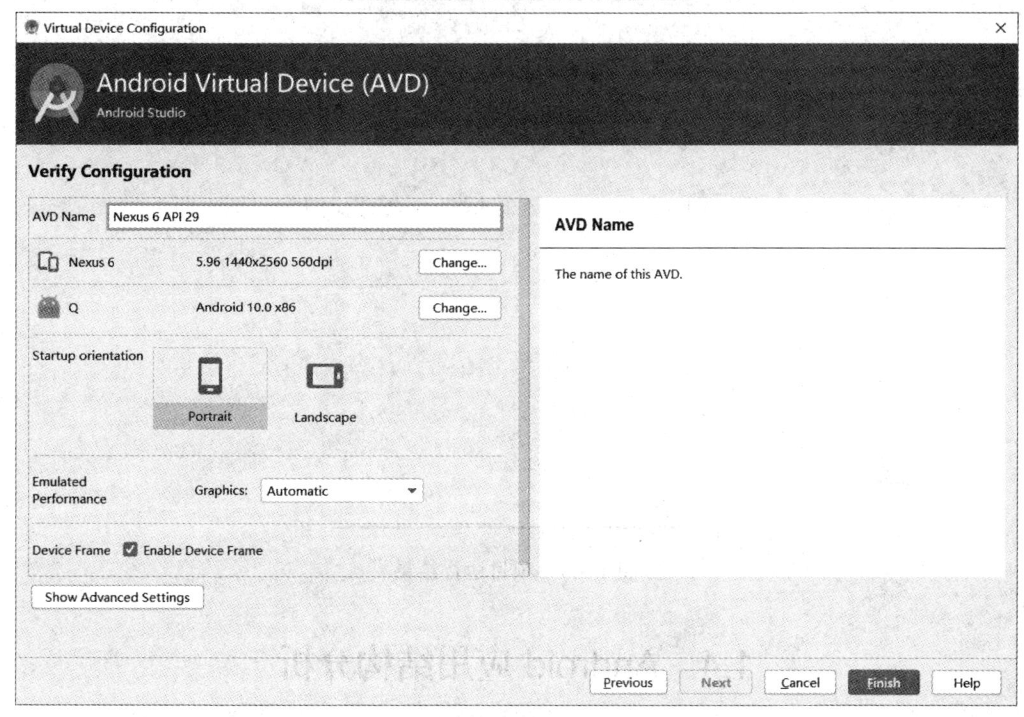

图 1-3-7　虚拟设备配置

在图 1-3-7 中确认所选的配置，还可以单击界面左下方的 Show Advanced Settings 进行高级设置。设置完毕后点击 Finish 按钮结束。模拟器创建完毕后，将会在图 1-3-8 所示的虚拟设备配置管理中看到刚刚创建的虚拟机。点击 Actions 中的启动按钮启动虚拟机，也可以稍后运行。

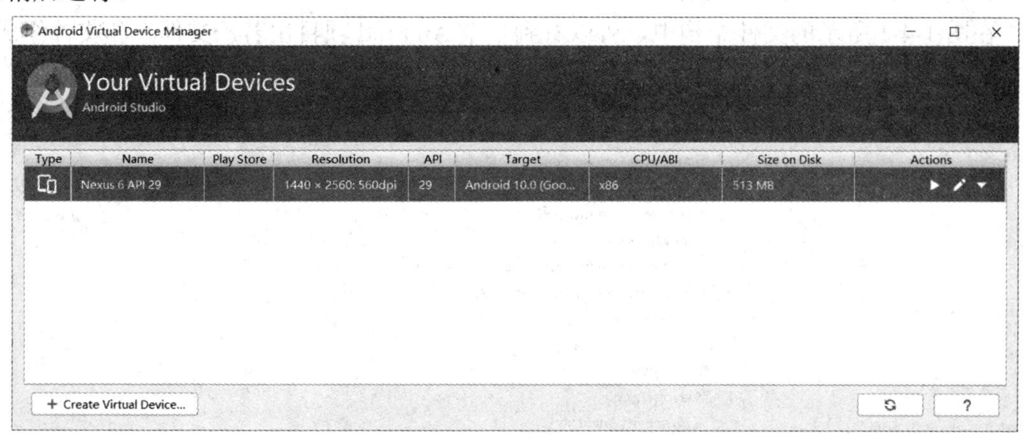

图 1-3-8　虚拟设备配置

接下来采用菜单【Run】|【Run App】运行创建的项目。Android studio 将会自动启动虚拟机界面。此过程与计算机硬件配置有关，可能耗费时间较长，请耐心等待。如果一切正常，最终运行结果如图 1-3-9 所示项目运行结果界面。

图 1-3-9　项目运行结果

1.4　Android 应用结构分析

如图 1-4-1 所示，项目文件区域显示的文件层级和 Eclipse 是不相同的，甚至和本地目录的文件层级也是不相同的。和 Eclipse 不相同是因为 Android Studio 使用了 Gradle 项目构建工具，而 Eclipse 使用 Ant 构建项目。目前默认使用 Android 文件目录显示结构，如图 1-4-1 所示。用户可以在项目文件区域的左上角点击进行切换，选择想要的文件结构显示类型，如更换为 Project 显示方式。

在图 1-4-1 所示的文件结构中，可以看到一个 Android 项目由若干文件夹和文件组成。

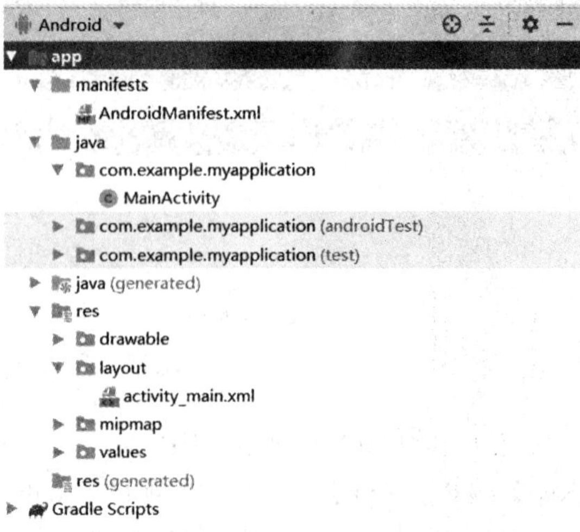

图 1-4-1　项目文件结构

manifests 目录中的 AndroidManifest.xml 文件又称清单文件，是每个 Android 程序中必需的入口文件。它描述了组件、各自实现的类、能被处理的数据和启动位置等。系统启动时会使用清单文件中的相应组件。

java 目录是放置所有 java 代码的地方，展开该目录，会看到新创建的 MainActivity 文件就在里面。

res 目录下主要存放资源内容，在项目中使用到的所有图片、布局、字符串等资源都要分类存放在这个目录下。drawable 目录用于存放图片及 XML 文件；layout 目录用于存放布局文件；mipmap 目录用于存放应用程序图标；values 目录用于存放定义的字符串 string 和样式 style 等。

Gradle Scripts 是项目的 gradle 配置文件，可以提前将 gradle 下载安装好，否则系统会自动根据情况联网下载。Gradle 是比较先进的构建系统，也是一个很好的构建工具，允许通过插件自定义构建逻辑。

1.5 Android Studio 开发工具的设置

1. 主题修改

开发人员可根据需要更换 Android Studio 软件界面，可按以下步骤调整软件主题：选择菜单栏【File】|【Settings】|【Appearance & Behavior】|【Appearance】，在右侧 Theme 中选择 Darcula 主题，如图 1-5-1 所示。

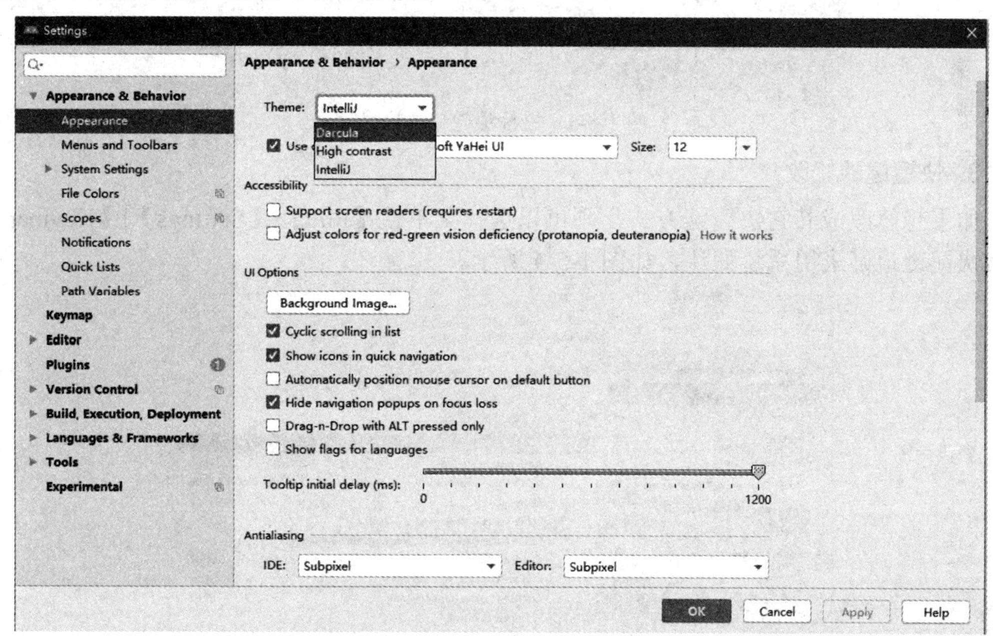

图 1-5-1　修改主题

2. 代码字体修改

选择菜单栏【File】|【Settings】|【Editor】|【Font】，在此处可根据需要调整字体、大小、行距等，如图 1-5-2 所示。

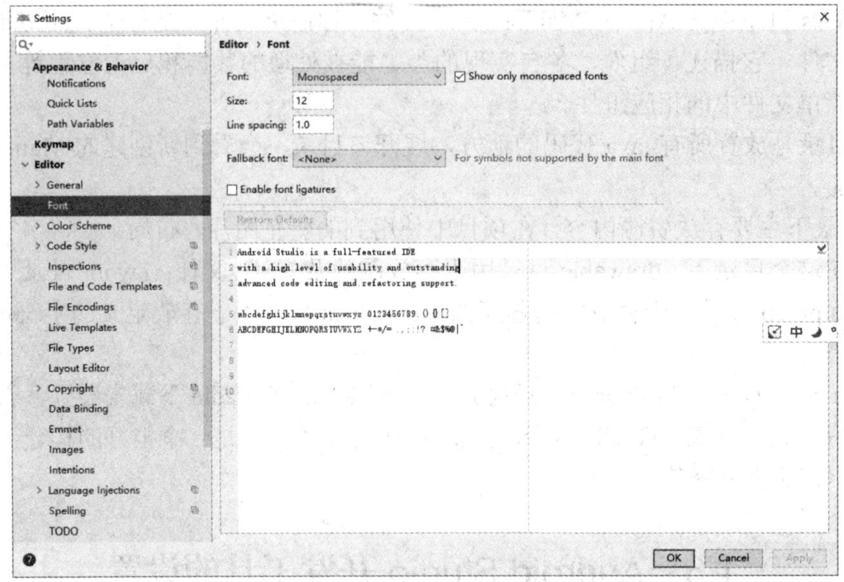

图 1-5-2　字体样式设置

编码字体的修改也可以使用【File】|【Settings】|【Editor】|【General】，右侧选择第二项 Change font size(Zoom) with Ctrl+Mouse Wheel，如图 1-5-3 所示，这样在编写代码时可以直接用控制键 Ctrl 和鼠标滚轮缩放字体大小。

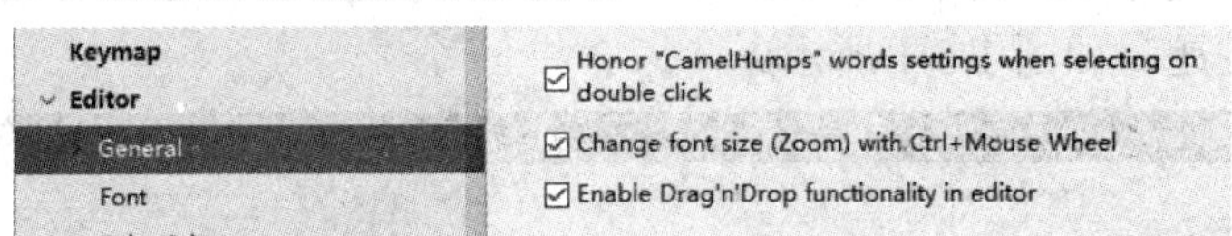

图 1-5-3　鼠标滚轮修改字体

3. 快捷键的修改

如果想修改成其它快捷键方式，则可以选择菜单栏【File】|【Settings】|【Keymap】，通常快捷键最好采用系统默认，如图 1-5-4 所示。

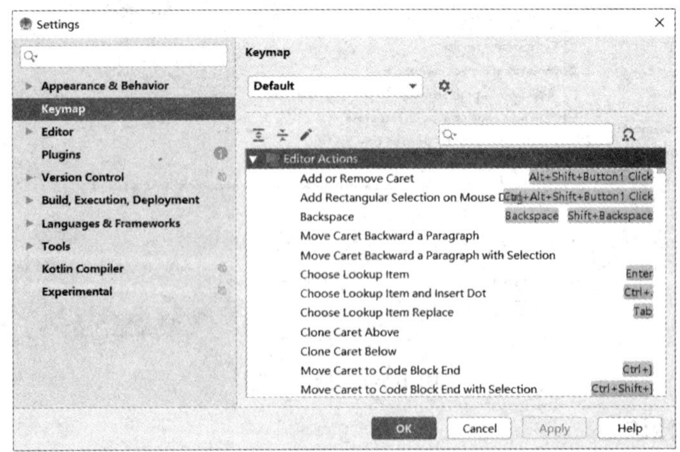

图 1-5-4　快捷键设置

一些常用快捷键如表 1-5-1 所示。

表 1-5-1　常用快捷键

快捷键	功　　能
Ctrl + Alt + L	代码格式化
Ctrl + Space	补全代码
Ctrl + Shift + Space	智能代码补全
Ctrl + W	选中代码块，多次按将逐步扩大选择范围
Ctrl + Shift + F12	快速调整代码编辑窗口的大小
Ctrl + ↑或↓	固定光标上、下移动代码
Ctrl + Shift + I	快速查看某个方法、类、接口的内容
Alt + J	选择多个后同时更改
Ctrl + Shift + Enter	快速补全语句，如 if() {}、switch(){}代码块
Ctrl + Alt + T	快速包裹代码块
Ctrl + D	快速复制行
Ctrl + G	定位跳转至指定行

4. 代码的自动提示

新版 Android Studio 默认具有代码自动提示，通过选择【File】|【Settings】|【Editor】|【General】|【Code Completion】，可以设置代码的自动提示和反应时间等，如图 1-5-5 所示。

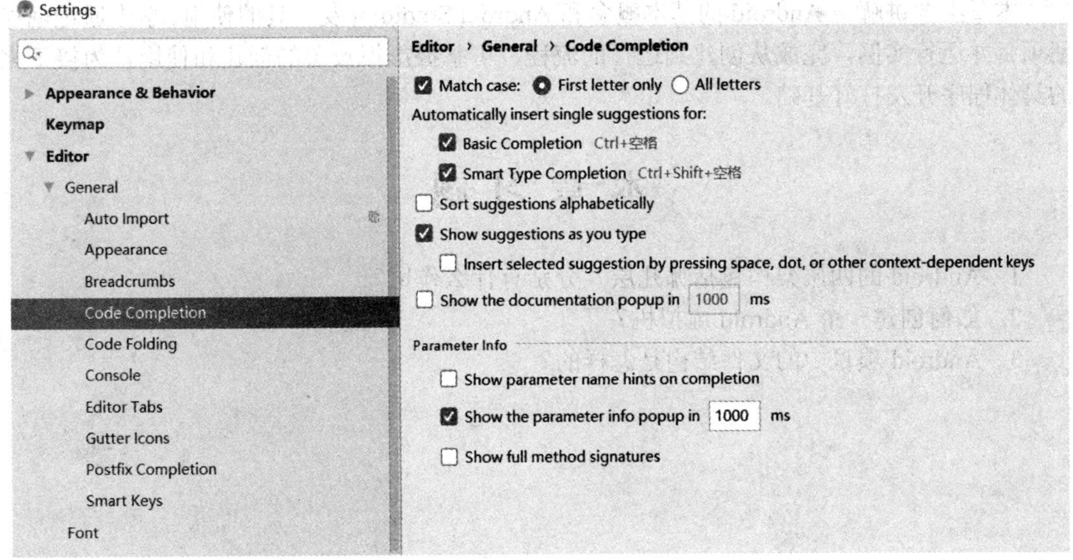

图 1-5-5　代码提示相关设置

5. 空格显示

若在编写代码时希望显示空格，以便看出缩进是 Tab 缩进还是空格缩进。可选择【Settings】|【Editor】|【General】|【Appearance】，然后在右侧勾选 Show whitespaces 即可。

1.6 实　训

编写一个 Android 项目，输出“欢迎学习 Android 开发”。

1．实训目的

(1) 掌握 Android Studio 开发工具的安装和配置。

(2) 掌握虚拟机的创建和使用。

(3) 熟悉开发工具的使用。

(4) 熟悉 Android 项目的文件结构。

2．实训步骤

(1) 下载并安装 Android Studio。

(2) 按照步骤创建一个新项目。

(3) 修改布局文件的 Textview 中的文字。

(4) 创建并运行 Android 虚拟机。

(5) 通过菜单【Run】|【Run App】运行项目并查看结果。

本 章 小 结

本章主要讲解了 Android 的基本概念和 Android Studio 开发工具的使用。学生通过创建新项目并运行实例，完成从创建到运行的流程，可掌握虚拟设备的创建和使用，为接下来的具体程序开发打好基础。

本 章 习 题

1．Android 的四层架构包括哪几层？分别有什么作用？

2．如何创建一个 Android 虚拟机？

3．Android 项目中的文件结构是怎样的？

第 2 章　界面与资源

✧ 教学导航

教学目标	(1) 掌握常用的基本控件及其属性； (2) 熟悉 Android 尺寸的单位； (3) 熟悉线性布局、相对布局、表格布局等常见布局对象； (4) 理解 Android 屏幕元素的层次结构、View 与 ViewGroup
单词	Layout　View　Group　Activity　Relative　Dialog　Event　Menu　Image　Action　Resume　Pause　Button　Application　Context　Register

2.1　基本控件

2.1.1　视图控件与容器

◆ 任务目标

在屏幕中间显示欢迎文字，运行效果图如图 2-1-1 所示。

图 2-1-1　运行效果图

◆ 实施步骤

点击菜单【File】，选择【new】|【new module】新建一个Module，命名为Ex2_1_1，其它为默认设置。

在项目文件结构窗口进入res|layout目录，修改activity_main.xml布局文件，清单如下：

```
1   <?xml version="1.0" encoding="utf-8"?>
2   <LinearLayout xmlns:android="http://schemas.android.com/apk/res/android"
3       xmlns:tools="http://schemas.android.com/tools"
4       android:id="@+id/LinearLayout1"
5       android:layout_width="match_parent"
6       android:layout_height="match_parent"
7       android:gravity="center"
8       tools:context=".MainActivity">
9       <TextView
10          android:layout_width="160dp"
11          android:layout_height="16dp"
12          android:text="欢迎来到Android世界!" />
13  </LinearLayout>
```

◆ 案例分析

行2：设置该布局方式为线性布局。LinearLayout为线性布局对象。

行4：为LinearLayout对象设置一个id为LinearLayout1。

行5：设置对象的宽度为适应父对象宽度，类似于网页布局中的width=100%。

行6：设置对象的高度为适应父对象高度。

行7：设置对象的内部子对象位置居中。

行9：添加一个TextView控件，该控件用于显示文本。

行10：设置TextView对象宽度为160dp。

行11：设置TextView对象高度为16dp

行12：设置TextView中的文本属性为“欢迎来到Android世界!”字符串。

◆ 相关知识

Android提供了丰富的控件，和网页设计一样，只要按照需求，将这些控件组合起来就可以了。Android中的控件有很多相同的属性。

上例中的TextView就是文本视图控件，只是用来显示文字的。要想在Activity中显示TextView，需要在相应的布局文件(也就是Activity对应的layout.xml文件)中添加相应的控件标签。这些XML标签可以确定控件的位置、大小、颜色等属性。

除了TextView控件以外，还有EditText(输入框控件)、ImageView(图片控件)、Button(按

钮控件)等，这些控件具有很多相同属性，同时也有各自的独有属性。

1. UI 控件的关系

Android 应用的绝大部分 UI 控件都放在 android.widget 包及其子包、android.view 包及其子包中。View 类是 Android 所有 UI 组件的父类，它代表了屏幕上一块空白的矩形区域。至于这块空白区域内应该显示什么内容，就交给具体的界面元素来处理。

下面介绍部分控件的层次结构，了解这些控件层次结构对如何使用控件很有帮助。

1) View 子类结构

View 部分子类结构如图 2-1-2 所示。ImageView、TextView 等控件都直接继承自 View 类。另外 ImageButton 直接继承自 ImageView，ZoomButton 直接继承自 ImageButton。

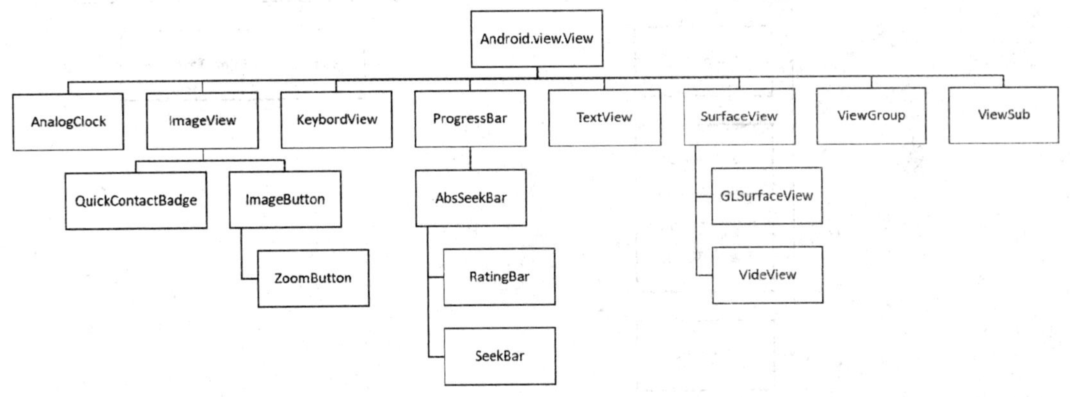

图 2-1-2　View 子类结构图

2) ViewGroup 子类结构

ViewGroup 部分子类结构如图 2-1-3 所示。ViewGroup 是抽象类，从上图可知，ViewGroup 直接继承自 View 类，ViewGroup 是一个视图容器，它的功能就是装载和管理下一层的 View 对象和 ViewGroup 对象。LinearLayout 直接继承自 ViewGroup，Ex2-1-1 中的 LinearLayout 对象下包含了 TextView 对象。

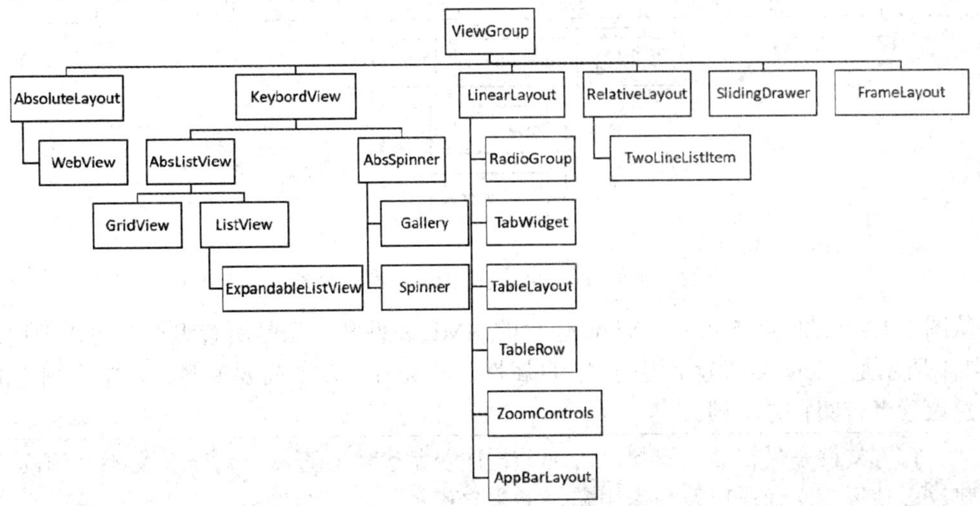

图 2-1-3　ViewGroup 子类结构图

3) TextView 子类结构

TextView 部分子类结构如图 2-1-4 所示。从图中可以得知 EditText、Button 等类直接继承自 TextView，RadioButton 间接继承自 Button。

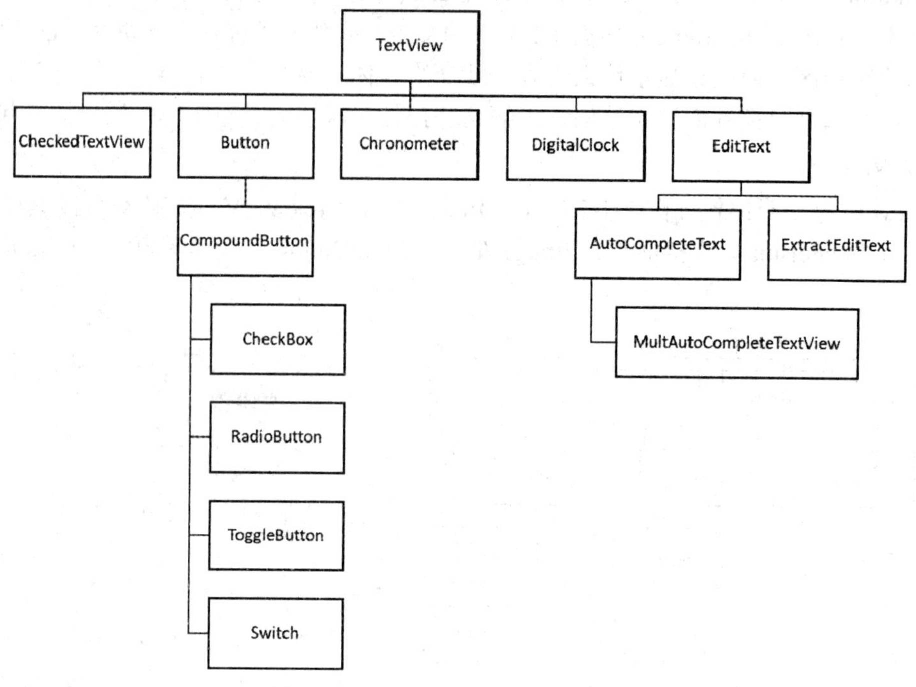

图 2-1-4　TextView 部分子类结构

4) FrameLayout 子类结构关系

FrameLayout 部分子类结构如图 2-1-5 所示。

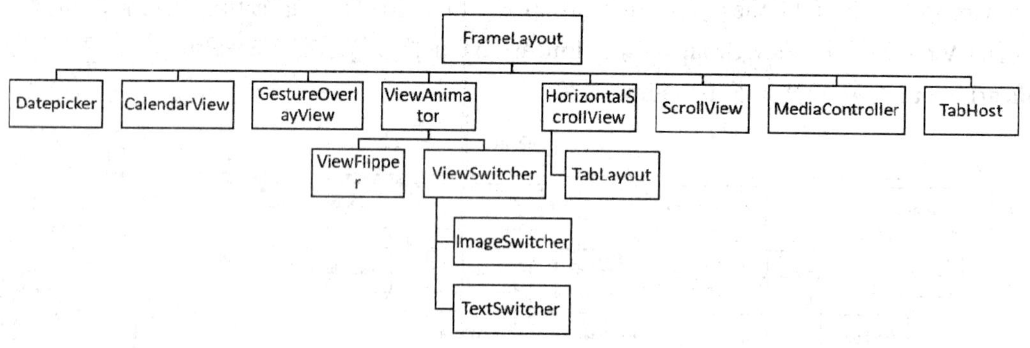

图 2-1-5　FrameLayout 部分子类结构图

从图 2-1-2 到图 2-1-5 可知，View 包含的 XML 属性和方法是所有组件都可以使用的。表 2-1-1 所示是 View 类部分常用的 XML 属性、相关方法以及简要说明。表中未列出的属性，建议读者查阅官方文档。

> 官方文档是最权威的资料，大部分程序员都会经常查阅。对于英文不好的读者来说，建议多使用英文词典以及搜索引擎，增强自己独立学习的能力。

表 2-1-1　View 类部分常用的 XML 属性、方法及说明

属　性	相关方法	说　明
android:background	setBackgtoundResource(int)	设置该组件的背景颜色
android:clickable	setClickable(boolean)	设置该组件是否可以激发点击事件
android:fadingEdge	setVerticalFadingEnabled(boolean)	设置滚动该组件时组件边界是否使用淡出效果
androidfadingEdgeLength	getVerticalFadingEdgeLength	设置淡出边界长度
android:focusable	setFocusable(boolean)	设置该组件是否可以得到焦点
android:focusableInTouchMode	setFocusableInTouchMode(boolean)	设置该组件在触摸模式下是否可以得到焦点
android:id	setId(int)	设置该组件的唯一标示，java 代码中可通过 findViewById 来获取它
android:keepScreenOn	setKeepScreenOn(boolean)	设置该组件是否会强制手机屏幕一直打开
android:layout_gravity		设置该组件在其容器中的对齐方式
android:layout_height	setLayoutParams(ViewGroup.layoutParams params)	设置该组件在其父类容器中的布局高度
android:layout_width	setLayoutParams(ViewGroup.LayoutParams params)	设置该组件在其父容器中的布局宽度
android:layout_margin		设置该组件在其父类容器中布局时的页边距
android:longClickable	setLongClickable(boolean)	设置该组件是否可以相应长单击事件
android:minHeight		设置该组件的最小高度
android:minWidth		设置该组件的最小宽度
android:nextFocusDown	setNextFocusDownId(int)	设置焦点在该组件上，且单击向下键时获得焦点的组件 ID
android:nextFocusLeft	setNextFocusLeftId(int)	设置焦点在该组件上，且单击向左键时获得焦点的组件 ID
android:nextFocusRight	setNextFocusRightId(int)	设置焦点在该组件上，且单击右键时获得焦点的组件 ID
android:nextFocusUp	setNextFocusUpId(int)	设置焦点在该组件上，且单击向上键获得焦点的组件 ID

续表

属　性	相关方法	说　明
android:onClick		为该组件的单击事件绑定监听器
android:padding	setPadding(int,int,int,int)	在组件四边设置填充区域
android:panddingBottom	setPadding(int,int,int,int)	在组件的下面设置填充区域
android:paddingLeft	setPadding(int,int,int,int)	在组件的左边设置填充区域
android:paddingRight	setPadding(int,int,int,int)	在组件的右边设置填充区域
android:paddingTop	setPadding(int,int,int,int)	在组件的上面设置填充区域
android:saveEnabled	setSaveEnabled(boolean)	如果设置为 false，那当该组件被冻结时不会保存它的状态
android:scrollX		该组件初始化后的水平滚动偏移
android:scrollY		该组件初始化后的垂直滚动偏移
android:scrollbarAlwaysDrawHoruzonTrack		设置该组件是否总是显示水平滚动条的轨道
android:scrollbarAlwayDrawVerticalTrack		设置该组件是否在总是显示垂直滚动条的轨道
android:scrollbarDefauitDelayBeforeFade		设置滚动条在淡出隐藏前延迟多少秒
android:scrollbarFadeDuration		设置滚动条淡出隐藏过程需要多少秒
android:ScrollbarSize		设置垂直滚动条的宽度和水平滚动条的高度
android:scrollbarStyle		设置滚动条的风格和位置
android:soundEffectsEnabled	setSoundEffectsEnabled(boolean)	设置该组件被点击时是否使用音效
android:visibility	setVisbility(int)	设置该组件是否可见

2. Android UI 单位

Android 尺寸的常用单位有：

(1) px：像素。

(2) in：英寸。

(3) mm：毫米。

(4) pt：磅，1/72 英寸。

(5) dpi：每英寸多少像素，通常来评价屏幕的显示效果。

(6) dp：抽象单位，在每英寸 160 点的屏幕，1 dp = 1 px，在 240 dpi 的屏幕上该控件的长度为 1 × 240/160=1.5 个像素点。

(7) dip：等同于 dp。

(8) sp：和 dp 类似，通常用于字体大小单位。

在 Android 开发中，为了能够在不同的显示器上正常显示，一般建议将 sp 作为字体大小的单位，将 dp 作为其它元素的尺寸单位。

2.1.2　TextView、EditText、Button 与 RadioButton

◆ 任务目标

设计一个简单的注册表单，包含用户名、密码、性别以及提交按钮，点击按钮时显示输入结果。任务完成后的运行效果如图 2-1-6 和图 2-1-7 所示。

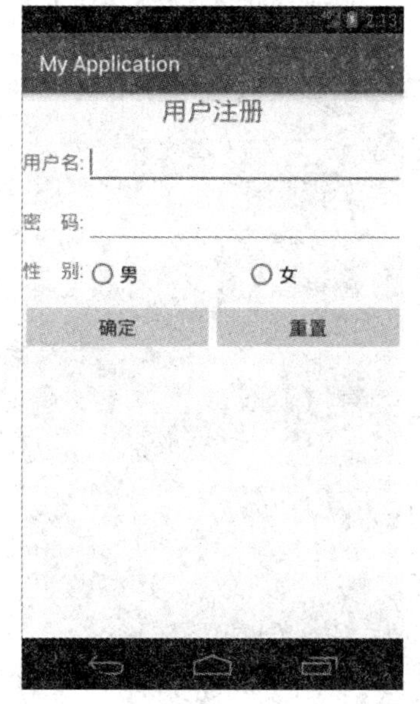

图 2-1-6　注册表单运行效果图

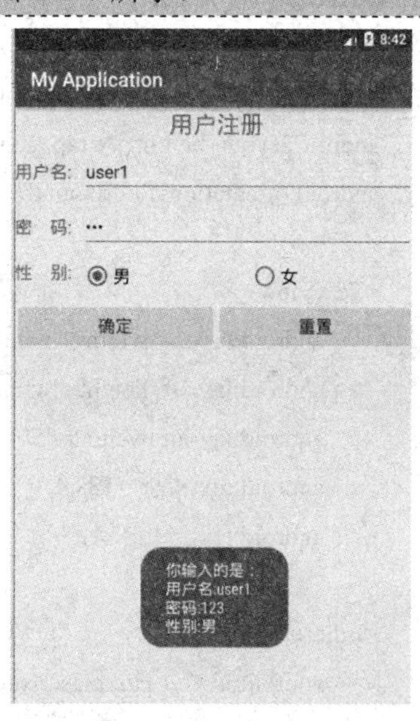

图 2-1-7　运行后效果图

◆ 实施步骤

步骤 1：点击菜单【File】，选择【new】|【new module】，新建一个 Module，命名为 Ex2_1_2，其它设置默认。

步骤 2：在项目文件结构窗口进入 res|layout 目录，修改 activity_main.xml 布局文件。清单如下：

```
<?xml version="1.0" encoding="utf-8"?>
<LinearLayout xmlns:android="http://schemas.android.com/apk/res/android"
    xmlns:app="http://schemas.android.com/apk/res-auto"
    xmlns:tools="http://schemas.android.com/tools"
```

```
    android:layout_width="match_parent"
    android:layout_height="match_parent"
    android:orientation="vertical"
    tools:context=".MainActivity">

    <TextView
        android:layout_width="wrap_content"
        android:layout_height="wrap_content"
        android:layout_gravity="center"
        android:textSize="24sp"
        android:text="用户注册" />

    <LinearLayout
        android:layout_marginTop="10dp"
        android:layout_width="match_parent"
        android:layout_height="wrap_content"
        android:orientation="horizontal">

        <TextView
            android:layout_width="match_parent"
            android:layout_height="wrap_content"
            android:layout_weight="5"
            android:textSize="18sp"
            android:text="用户名:"/>

        <EditText
            android:id="@+id/etUserName"
            android:layout_width="match_parent"
            android:layout_height="wrap_content"
            android:layout_weight="1"/>

    </LinearLayout>

    <LinearLayout
        android:layout_marginTop="10dp"
        android:layout_width="match_parent"
        android:layout_height="wrap_content"
        android:orientation="horizontal">
        <TextView
```

```
                android:layout_width="match_parent"
                android:layout_height="wrap_content"
                android:layout_weight="5"
                android:textSize="18sp"
                android:text="密      码:"/>

            <EditText
                android:id="@+id/etPasswords"
                android:layout_width="match_parent"
                android:layout_height="wrap_content"
                android:inputType="textPassword"
                android:layout_weight="1"/>

        </LinearLayout>

        <LinearLayout
            android:layout_marginTop="10dp"
            android:layout_width="match_parent"
            android:layout_height="wrap_content"
            android:orientation="horizontal">
            <TextView
                android:layout_width="match_parent"
                android:layout_height="wrap_content"
                android:layout_weight="5"
                android:textSize="18sp"
                android:text="性      别:"/>

            <RadioGroup
                android:id="@+id/rgGender"
                android:layout_width="match_parent"
                android:layout_height="wrap_content"
                android:orientation="horizontal"

                android:layout_weight="1" >

                <RadioButton
                    android:id="@+id/rbMan"
                    android:layout_width="wrap_content"
                    android:layout_height="wrap_content"
```

```
                    android:textSize="18sp"
                    android:layout_weight="1"
                    android:text="男" />

                <RadioButton
                    android:id="@+id/rbWoman"
                    android:layout_width="wrap_content"
                    android:layout_height="wrap_content"
                    android:textSize="18sp"
                    android:layout_weight="1"
                    android:text="女" />
            </RadioGroup>

        </LinearLayout>

        <LinearLayout
            android:layout_marginTop="10dp"
            android:layout_width="match_parent"
            android:layout_height="wrap_content"
            android:orientation="horizontal">

            <Button
                android:id="@+id/btnOK"
                android:layout_width="wrap_content"
                android:layout_height="wrap_content"
                android:layout_weight="1"
                android:textSize="18sp"
                android:text="确定" />

            <Button
                android:id="@+id/btnReset"
                android:layout_width="wrap_content"
                android:layout_height="wrap_content"
                android:layout_weight="1"
                android:textSize="18sp"
                android:text="重置" />
        </LinearLayout>

</LinearLayout>
```

步骤 3：修改 MainActivity.java 文件。清单如下：

```
public class MainActivity extends AppCompatActivity {
    //将每一个需要参与计算的控件都用一个变量指定。建议变量名称和 ID 相同
     //便于记忆
    EditText etUserName,etPasswords;
    RadioButton rbMan,rbWoman;
    Button btnOK,btnReset;

    @Override
    protected void onCreate(Bundle savedInstanceState) {
        super.onCreate(savedInstanceState);
        setContentView(R.layout.activity_main);

        initUI();

        btnOK.setOnClickListener(new View.OnClickListener() {
            @Override
            public void onClick(View v) {
                String str="你输入的是：\n";
                str+="用户名:"+etUserName.getText().toString()+"\n";
                str+="密码:"+etPasswords.getText().toString()+"\n";
                if(rbMan.isChecked()) {
                    str += "性别:" + rbMan.getText().toString() + "\n";
                }
                if(rbWoman.isChecked()){
                    str += "性别:" + rbWoman.getText().toString();
                }
                Toast.makeText(MainActivity.this,str,Toast.LENGTH_LONG).show();
            }
        });

    }

    /**
     * 初始化成员变量，指向界面上的对应控件
     */
    private void initUI() {
        etUserName = (EditText)findViewById(R.id.etUserName);
```

```
38              etPasswords = (EditText)findViewById(R.id.etPasswords);
39              rbMan = (RadioButton)findViewById(R.id.rbMan);
40              rbWoman = (RadioButton)findViewById(R.id.rbWoman);
41              btnOK = (Button)findViewById(R.id.btnOK);
42              btnReset = (Button)findViewById(R.id.btnReset);
43      }
44  }
```

◆ 案例分析

1. activity_main.xml 清单分析

行 2、行 7：指定本布局页面采用线性垂直布局。

行 8：tools:context 仅用于模拟器调试使用，用来预览效果，编译发布时忽略。

行 10～15：添加一个 TextView 控件。行 13 使控件居中，行 14 中 textSize 属性设置文字大小为 24 sp。

行 17～36：利用一个水平方向的 LinearLayout，将多个控件布局在一行上。行 30～34 表示添加一个 EditText(文本框)控件，行 24、26、32、34 利用 layout_weight(此方向为 match_parent)设定 TextView 与 EditText 空间占用比例。

行 38～57：同上，添加密码。行 54 使用 android:inputType="textPassword"指定该文本框为密码框，不显示密码文本。

行 71～94：添加一个单选按钮组(RadioGroup)。在一个单选按钮组中只能有一个单选按钮被选中。行 75 使用 android:orientation 设定本组中的单选按钮布局为水平方向。

行 104～118：添加确定按钮和重置按钮。

2. MainActivity.java 清单分析

行 4～6：定义成员变量，用于指代 UI 界面上的对应控件。

行 13：initUI()方法的作用是初始化界面控件，具体定义在行 36～42。为了使代码看起来更清爽，这里将初始化放在一个单独的方法中。

行 15～29：为按钮 btnOK 设定了一个单击监听器，当 btnOK 被单击时将会执行行 17～28 的 onClick(View v)方法。

行 21、24：isChecked()方法返回布尔值，用于判断单选按钮是否被选中。

行 27：该行执行后，在界面上显示一个浮动文本，用于提示。Toast.makeText()有 3 个参数，第一个参数为当前环境(这里为当前 Activity)，第二个参数为文本内容，第三个参数为显示时间(这里使用了 Android 预定义的一个常量)。show()方法用于显示 Toast。

行 36～42：初始化成员变量，指向界面上的对应控件。其中 findViewById 方法作用是根据 id 得到对应的视图，但 findViewById 的返回值是 View 子类型(返回类型为 <T extends android.view.View>)，其类型没有确定(在 Android Studiio 中选择 findViewById，使用快捷键 CTRL+Q，可以看到该方法的说明)，必须要强制转换为对应的真实类型，如行 37 强制转换为 EditText 类型，行 39 强制转换为 RadioButton 类型。

◆ 相关知识

TextView、Button、EditText、RadioButton、RadioGroup 部分常用的 XML 属性、方法及说明如表 2-1-2 至表 2-1-6 所示。

表 2-1-2　TextView 部分常用的 XML 属性、方法及说明

属　性	相关方法	说　明
android:autoLink	setAutoLinkMask(int)	是否将符合格式的文本转换为可单击的超链接形式
android:autoText	setKeyListener(KeyListener)	控制是否将 URL、E-mail 地址等链接自动转换为可单击的链接
android:cursorVisible	setCursorVisible(boolean)	设置该文本框的光标是否可见
android:digits	setKeyListener(KeyListener)	如果该属性设为 true，则该文本框对应一个数字输入方法，并且只接受那些合法字符
android:drawableBottom	setCompoundDrawablesWithIntrinsicBounds(Drawable, Drawable, Drawable, Drawable)	在文本框内文本的底端绘制指定图像
android:drawableLeft	setCompoundDrawablesWithIntrinsicBounds(Drawable, Drawable, Drawable, Drawable)	在文本框内文本的左边绘制指定图像
android:drawableEnd		在文本框内文本的结尾处绘制指定图像
android:drawablePadding	setCompoundDrawablesWithIntrinsicBounds(Drawable, Drawable, Drawable, Drawable)	设置文本框内文本与图形之间的间距
android:drawableRight	setCompoundDrawablesWithIntrinsicBounds(Drawable, Drawable, Drawable, Drawable)	在文本框内文本的右边绘制指定图像
android:drawableStart		在文本框内文本的开始处绘制指定图像
android:drawableTop	setCompoundDrawablesWithIntrinsicBounds(Drawable, Drawable, Drawable, Drawable)	在文本框内文本的顶端绘制指定图像
android:editable		设置该文本是否允许编辑

续表一

属　性	相关方法	说　明
android:ellipsize	setEllipsize(TextUitls.TruncateAt)	设置当显示的文本超过了 TextView 的长度时如何处理文本内容。该属性支持如下属性值： · none：不做任何处理； · start：在文本开始处截断，并显示省略号； · middle：在文本中间处截断，并显示省略号； · end：在文本结尾处截断，并显示省略号； · marquee：使用 marquee 滚动动画显示文本
android:ems	setEms(int)	设置该组件的宽度，以 em 为单位
android:fontFamily	setTypeface(int)	设置该文本框内文本的字体
android:gravity	setGravity(int)	设置该文本框内文本的对齐方式
android:height	setHeight(int)	设置该文本框的高度(以 pixel 为单位)
android:imeActionId	setImeActionLabel(CharSequence, int)	当该文本框关联输入法时，为输入法提供 EditorInfo.actionId 值
android:hint	setHint(int)	设置当该文本框内容为空时，文本框内默认显示的提示文本
android:imeActionLabel	setImeActionLabel(CharSequence, int)	当该文本框关联输入法时，为输入法提供 EditorInfo.actionLabel 值
android:imeOptions	setImeOptions(int)	当该文本框关联输入法时，为输入法提供额外的选项
android:includeFontPadding	setIncludeFontPadding(boolean)	设置是否为字体保留足够的空间。默认值为 true
android:inputMethod	setKeyListener(KeyListener)	为该文本框指定特定的输入法。该属性值为输入法的全限定类名
android:inputType	setRawInputType(int)	设置该文本框的类型。该属性有点类似于 HTML 中<input.../>元素的 type 属性。该属性支持大量的属性值，不同属性值用于指定特定的输入框

续表二

属　性	相关方法	说　明
android:lineSpacingExtra	setLineSpacing(float, float)	设置两行文本之间的额外间距。与 android:lineSpacingMultiplier 属性结合使用
android:lineSpacingMultiplier	setLineSpacing(float, float)	设置两行文本之间的额外间距。每行文本为高度*该属性值+android:lineSpacingExtra 属性值
android:lines	setLines(int)	设置该文本框默认占几行
android:linksClickable	setLinksClickable(boolean)	设置该文本框的 URL、E-mail 等链接是否可点击
android:marqueeRepeatLimit	setMarqueeRepeatLimit(int)	设置 marquee 动画重复的次数
android:maxEms	setMaxEms(int)	指定该文本框的最大宽度(以 em 为单位)
android:maxHeight	setMaxHeight(int)	设置该文本框的最大高度(以 pixel 为单位)
android:maxLength	setFilters(InputFilter)	设置该文本框的最大字符长度
android:maxLines	setMaxLines(int)	设置该文本框最多占几行
android:maxWidth	setMaxWidth(int)	设置该文本框的最大宽度(以 pixel 为单位)
android:minEms	setMinEms(int)	设置该文本框的最小宽度(以 em 为单位)
android:minHeight	setMinHeight(int)	设置该文本框的最小高度(以 pixel 为单位)
android:minLines	setMinLines(int)	设置该文本框最少占几行
android:minWidth	setMinWidth(int)	设置该文本框的最小宽度(以 pixel 为单位)
android:numeric	setKeyListener(KeyListener)	设置该文本框关联的数值输入法。该属性支持如下属性值： • integer：指定关联整数输入法； • signed：允许输入符号的数值输入法； • decimal：允许输入小数点的数值输入法
android:password	setTransformationMethod(TransformationMethod)	设置该文本框是一个密码框(以点代替字符)
android:phoneNumber	setKeyListener(KeyListener)	设置该文本框只能接受电话号码

续表三

属　性	相关方法	说　明
android:privateImeOptions	setPrivateImeOptions(boolean)	设置该文本框关联的输入法的私有选项
android:scrollHorizontally	setHorizontallyScrolling(boolean)	设置该文本框不够显示全部内容时是否允许水平滚动
android:selectAllOnFocus	setSelectAllOnFocus(boolean)	如果文本框的内容可选择，设置当它获得焦点时是否自动选中所有文本
android:shadowColor	setShadowLayer(float, float, float, float)	设置文本框内文本的阴影颜色
android:shadowDx	setShadowLayer(float, float, float, float)	设置文本框内文本的阴影在水平方向的偏移
android:shadowDy	setShadowLayer(float, float, float, float)	设置文本框内文本的阴影在垂直方向的偏移
android:shadowRadius	setShadowLayer(float, float, float, float)	设置文本框内文本的阴影模糊程度。该值越大，阴影越模糊
android:singleLine	setTransformationMethod	设置文本框是否为单行模式。如果设为 true，文本框不会换行
android:text	setText(CharSequence)	设置文本框内文本的内容
android:textAllCaps	setAllCaps(boolean)	设置是否将文本框的所有字母显示为大写字母
android:textAppearance		设置该文本框的颜色、字体、大小等样式
android:textColor	setTextColor(ColorStateList)	设置文本框中文本的颜色
android:textColorHighlight	setHighlightColor(int)	设置文本框中文本被选中时的颜色
android:textColorHint	setHintTextColor(int)	设置文本框中提示文本的颜色
android:textColorLink	setLinkTextColor(int)	设置文本框中链接的颜色
android:textIsSelectable	setTextSelectable()	设置当文本框不能编辑时，文本框内的文本是否可以被选中
android:textScaleX	setTextScaleX(float)	设置文本框内文本在水平方向上的缩放因子
android:textSize	setTextSize(float)	设置文本框内文本的字体大小
android:textStyle	setTypeface(Typeface)	设置文本框内文本的字体风格，如粗体、斜体等
android:typeface	setTypeface(Typeface)	设置文本框内文本的字体风格

续表四

属　　性	相关方法	说　　明
android:width	setWidth(int)	设置该文本框的宽度(以 pixel 为单位)
android:capitalize	setKeyListener(KeyListener)	设置是否将用户输入的文本转换为大写字母。该属性支持如下属性值： • none：不转换； • sentences：每个句子的首字母大写； • words：每个单词的首字母大写； • characters：每个字母都大写

表 2-1-3　Button 部分常用的 XML 属性、方法及说明

属　　性	相关方法	说　　明
android:clickable	setClickable(boolean clickable)	设置是否允许点击。 clickable=true：允许点击； clickable=false：禁止点击
android:background	setBackgroundResource(int resid)	通过资源文件设置背景色。 resid 为资源 xml 文件 ID。 按钮默认背景为 android.R.drawable.btn_default
android:text	setText(CharSequence text)	设置文字
android:textColor	setTextColor(int color)	设置文字颜色
android:onClick	setOnClickListener(OnClickListener l)	设置点击事件

表 2-1-4　EditText 部分常用的 XML 属性、方法及说明

属　　性	相关方法	说　　明
android:text	setText(CharSequence text)	设置文本内容
android:textColor	setTextColor(int color)	设置字体颜色
android:hint	setHint(int resid)	设置内容为空时显示的文本
android:textColorHint	Void set HintTextColor(int color)	设置内容为空时显示的文本的颜色
android:inputType	setInputType(int type)	限制输入类型
android:maxLength		限制显示的文本长度，超出部分不显示
android:minLines	setMaxLinews(int maxlines)	设置文本最小行数

续表

属　性	相关方法	说　明
android:gravity	setGravity(int gravity)	设置文本位置，如设置为“center”，文本将居中显示
android:drawableLeft	setCompoundDrawables(Drawable left,Drawable top, Drawable right, Drawable bottom)	在 text 的左边输出一个 drawable
android:digits		设置允许输入的字符串
android:ellipsize		设置当文字过长时，该空间该如何显示。 Start：省略号显示在开头； End：省略号显示在结尾； Middle：省略号显示在中间； Marquee：以流动的方式显示
Android:textStyle		设置字体
Android:singleLine	setSingLine()	True：单行显示； False：可以多行

表 2-1-5　RadioButton 部分常用的 XML 属性、方法及说明

属性	相关方法	说明
android:text	setText(CharSequence)	设置单选按钮文字
android:button	setButtonDrawable(int)	设置单选按钮图形，常用于取消单选按钮默认图形，如 android：button=“@null”
android:checked		设置单选按钮的选择状态，true 表示选择，false 表示未选择，但单选按钮的选择状态并不能通过该属性实现，而是通过 RadioGroup 的 check(int)方法实现

表 2-1-6　RadioGroup 部分常用的 XML 属性、方法及说明

属性	相关方法	说明
android:orientation		设置单选按钮的排列方式。horizontal：水平排列；vertical：垂直排列
	check(int id)	设置单选按钮组的默认选项

2.1.3　ImageView 与 ImageButton

◆ 任务目标

编写一个简单的石头剪刀布游戏。任务完成后的效果如图 2-1-8 所示。

图 2-1-8　运行效果图

◆ 实施步骤

步骤 1：新建一个 Module，命名为 Ex2_1_3，其它设置默认。

步骤 2：在项目文件结构窗口中进入 Ex2_1_3/res/drawable 目录，将 cloth.png，play.png，scissors.png，stone.png 等图片资源拷贝到这里，如图 2-1-9 所示。需要注意的是，放到资源目录下的资源文件名必须由小写英文字母以及下划线构成。

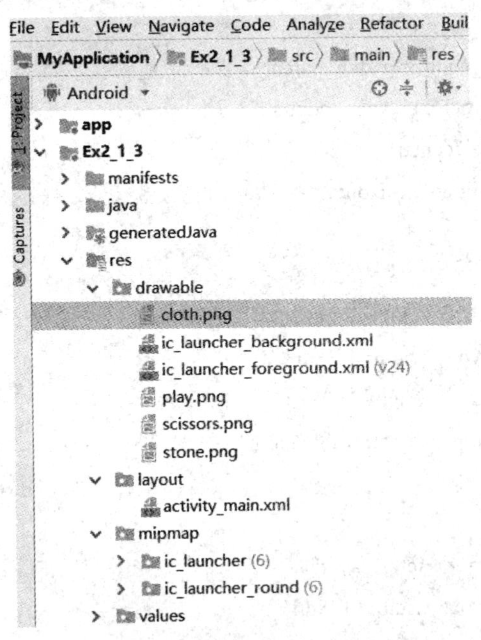

图 2-1-9　图片资源位置

步骤 3：在项目文件结构窗口中，修改 Ex2_1_3/res/values/strings.xml 文件。清单如下：

```
<resources>
    <string name="app_name">猜拳游戏</string>
    <string name="title">石头剪刀布游戏，左边是电脑，右边是玩家</string>
</resources>
```

步骤 4：在 activity_main.xml 布局文件上添加控件，并设定相应属性。清单如下：

```
<?xml version="1.0" encoding="utf-8"?>
<LinearLayout xmlns:android="http://schemas.android.com/apk/res/android"
    xmlns:app="http://schemas.android.com/apk/res-auto"
    xmlns:tools="http://schemas.android.com/tools"
    android:layout_width="match_parent"
    android:layout_height="match_parent"
    android:orientation="vertical"
    tools:context=".MainActivity">

    <TextView
        android:layout_width="match_parent"
        android:layout_height="wrap_content"
        android:gravity="center_horizontal"
        android:text="@string/title"
        android:textSize="32sp"     />

    <LinearLayout
        android:layout_width="match_parent"
        android:layout_height="wrap_content"
        android:gravity="center"
        android:orientation="horizontal">

        <ImageView
            android:id="@+id/ivComputer"
            android:layout_width="128dp"
            android:layout_height="128dp"
            app:srcCompat="@drawable/cloth" />

        <ImageView
            android:id="@+id/ivPlayer"
            android:layout_width="128dp"
            android:layout_height="128dp"
            app:srcCompat="@drawable/scissors" />
    </LinearLayout>
```

```

    <LinearLayout
        android:layout_width="match_parent"
        android:layout_height="wrap_content"
        android:gravity="center_horizontal"
        android:orientation="horizontal">
        <ImageButton
            android:id="@+id/iBtnPlay"
            android:layout_width="256dp"
            android:layout_height="128dp"
            android:onClick="btnPlayGame"
            android:scaleType="fitXY"
            app:srcCompat="@drawable/play" />
    </LinearLayout>
</LinearLayout>
```

步骤 5：修改 MainActivity.java 文件中的 MainActivity 类内容。清单如下：

```java
public class MainActivity extends AppCompatActivity {
    //用于表示图片
    int[] images = {R.drawable.stone, R.drawable.scissors, R.drawable.cloth};
    //用于指向控件
    ImageView ivComputer, ivPlayer;

    @Override
    protected void onCreate(Bundle savedInstanceState) {
        super.onCreate(savedInstanceState);
        setContentView(R.layout.activity_main);

        ivComputer = (ImageView) findViewById(R.id.ivComputer);
        ivPlayer = (ImageView) findViewById(R.id.ivPlayer);
    }

    public void btnPlayGame(View v) {
        Random r = new Random();
        int iComputer = r.nextInt(3);
        int iPlayer = r.nextInt(3);
        ivComputer.setImageResource(images[iComputer]);
        ivPlayer.setImageResource(images[iPlayer]);
    }
}
```

◆ 案例分析

1. activity_main.xml 清单分析

行 14.android:text="@string/title"表示该控件的 text 属性值为 strings.xml 中 name="title"的字符串(见 strings.xml 清单中的行 3)。

在 Android 中图片、字符串等都可以视作资源。字符串值通常放在 values/strings.xml 文件中，使用时@string/xxx；图片放在 res/drawable 目录下，文件名应由小写字母和下划线构成，使用时@drawable/xxx。

行 23～33：添加了两个 ImageView 控件，指定图片为 drawable 目录下对应同名资源。

行 41～47：添加一个 ImageButton 控件，行 45 表示单击该对象时调用 public void btnPlayGame(View v)的方法。行 46 中 android:scaleType="fitXY"表示将图片拉伸以匹配控件尺寸。

2. MainActivity.java 清单分析

行 16～22：对应 activity_main.xml 文件中 ImageButton 控件的 onClick，属性为"btnPlayGame"，这里创建了一个同名的对应方法 public void btnPlayGame(View v)。行 17～19 表示创建一个随机数(0～2 之间)，行 20、21 中的 setImageResource 表示为 ImageView 控件设置图片。

◆ 相关知识

表 2-1-7 所示为 ImageView 部分常用的 XML 属性、方法及说明。

表 2-1-7　ImageView 部分常用的 XML 属性、方法及说明

属性	相关方法	说明
android:adjustViewBounds	setAdjustViewBounds(boolean)	设置 ImageView 是否调整自己的边界来保持所显示图片的长宽比
android:maxHeight	setMaxHeight(int)	设置 ImageView 的最大高度，需要设置 android:adjustViewBounds 属性值为 true，否则不起作用
android:maxWidth	setMaxWidth(int)	设置 ImageView 的最大宽度，需要设置 android:adjustViewBounds 属性值为 true，否则不起作用
android:scaleType	setScaleType(ImageView.ScaleType)	设置所显示的图片如何缩放或移动以适应 ImageView 的大小
android:src	setImageResource(int)	设置 ImageView 所显示的 Drawable 对象的 ID，例如，设置显示保存在 res/drawable 目录下的名称为 flower.jpg 的图片，可以将属性值设置为 android:src="@drawable/flower"

本例中在 res/values 下使用了 string.xml，除此之外还可以自己创建其它的 xml 文件用以存放一些数据，如 array.xml。

2.1.4　活动的生命周期

◆ 任务目标

在 Logcat 中观察 Activity 的生命周期。效果如图 2-1-10 所示。

```
12-29 04:19:44.972 2595-2595/com.example.ex2_1_4 I/test: onCreate() is running....
12-29 04:19:44.972 2595-2595/com.example.ex2_1_4 I/test: onStart() is running....
12-29 04:19:44.972 2595-2595/com.example.ex2_1_4 I/test: onResume() is running....
```

图 2-1-10　Activity 生命周期

◆ 实施步骤

步骤 1：点击菜单【File】，选择【new】|【new module】，新建一个 Module，命名为 Ex2_1_4，进入 MainActivity.java，修改代码。清单如下：

```
package com.example.ex2_1_4;

import android.app.Activity;
import android.os.Bundle;
import android.util.Log;

public class MainActivity extends Activity {

    @Override
    protected void onCreate(Bundle savedInstanceState) {
        super.onCreate(savedInstanceState);
        setContentView(R.layout.activity_main);
        Log.i("test","onCreate() is running....");
    }
    @Override
    protected void onStart() {
        super.onStart();
        Log.i("test","onStart() is running....");
    }

    @Override
    protected void onRestart() {
        super.onRestart();
        Log.i("test","onRestart() is running....");
    }
```

```java

    @Override
    protected void onResume() {
        super.onResume();
        Log.i("test","onResume() is running....");
    }

    @Override
    protected void onPause() {
        super.onPause();
        Log.i("test","onPause() is running....");
    }

    @Override
    protected void onStop() {
        super.onStop();
        Log.i("test","onStop() is running....");
    }

    @Override
    protected void onDestroy() {
        super.onDestroy();
        Log.i("test","onDestroy() is running....");
    }
}
```

步骤 2：在图 2-1-11 中，选择【Edit Filter Configuration】，打开【Create New Logcat Filter】窗体，如图 2-1-12 所示，在 Filter Name 中填写 Ex2_1_4，Log Tag 中输入之前 Log.i 方法中的第一个参数值——“test”。

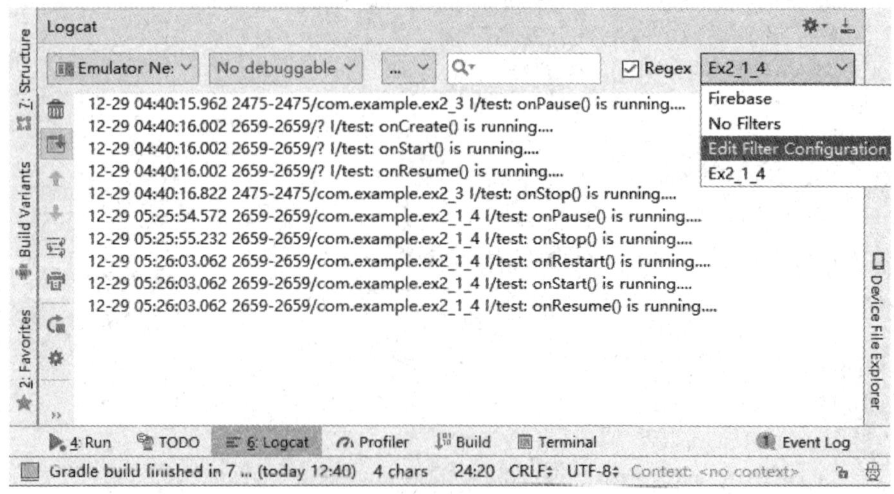

图 2-1-11　Logcat 视图

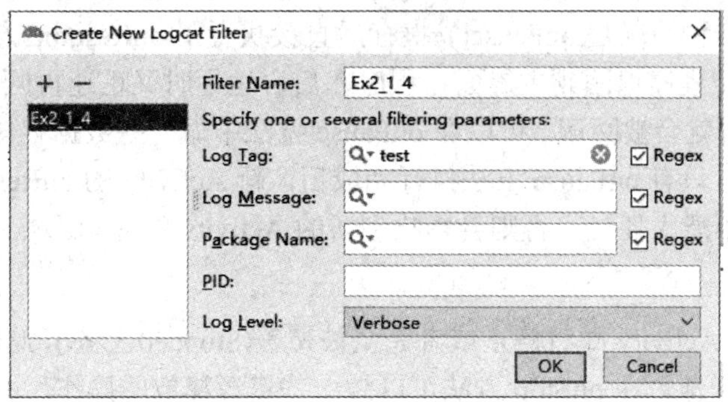

图 2-1-12　创建 Logcat Filter

步骤 3：运行后，在 Logcat 中观察。

◆ 案例分析

行 1：package com.example.ex2_1_4 表示当前项目指定的包名，是创建 Module 时指定的，练习时以实际包名为准。

行 13：Log.i("test","onCreate() is running...."),其中 Log.i 的第一个参数为自定义的名称，第二个参数通常可以写一些有意义的内容用于调试，如“进入 XXXXX 方法”。后续其它方法中的 Log.i 同理。

◆ 相关知识

Activity 生命周期是研究 Android 开发最基础的知识点之一，熟练掌握生命周期的特性可以在实际开发中避免一些失误。

Activity 的生命周期共七个指示器，即 onCreate、onStart、onResume、onPause、onStop、onDestroy、onRestart，如图 2-1-13 所示。

1．onCreate

点击一个 App 图标，启动该 App 时，Activity 被创建，此时 onCreate()被调用。一般在创建 Activity 时需要重写该方法，做一些初始化的操作，例如通过 setContentView 设置界面布局的资源，初始化所需要的组件信息等。

2．onStart

该方法回调表示 Activity 正在启动，此时 Activity 处于可见状态，只是还没有在前台显示，因此用户也无法交互。可以简单理解为 Activity 已显示却无法被用户看见。

3．onResume

此方法回调时，Activity 已在屏幕上显示 UI 并允许用户操作了。从流程图可见，当 Activity 停止后(onPause、onStop 方法被调用)，重新回到前台时也会调用 onResume 方法。可以在 onResume 方法中初始化一些资源，比如打开相机或开启动画。

4．onPause

此方法回调时，Activity 正在停止(Paused 形态)，接下来 onStop() 会被回调。但通过流

程图可以发现，另一种情况是 onPause() 执行后直接执行了 onResume 方法，这可能是用户点击了 Home 键，让程序退回到主界面，程序在后台运行时又迅速再回到当前的 Activity，此时 onResume 方法就会被回调。可以在 onPause 方法中做一些数据存储、动画停止、资源回收等操作。另外，只有 onPause 方法执行完成后，新 Activity 的 onResume 方法才会被执行。所以 onPause 不能太耗时，否则会影响到新的 Activity 的显示。

5．onStop

此方法回调时，Activity 即将停止或者完全被覆盖(Stopped 形态)，此时 Activity 不可见，仅在后台运行。同样地，在 onStop 方法可以做一些资源释放的操作，不能太耗时。

6．onRestart

此方法回调时，表示 Activity 正在重新启动，由不可见状态变为可见状态。这种情况一般发生在用户打开了一个新的 Activity 时，之前的 Activity 就会被 onStop，返回之前 Activity 页面时，之前的 Activity 的 onRestart 方法就会被回调。

7．onDestroy

此方法回调时，表示 Activity 正在被销毁，也是生命周期最后一个执行的方法，一般可以在此方法中做一些回收工作和最终的资源释放。

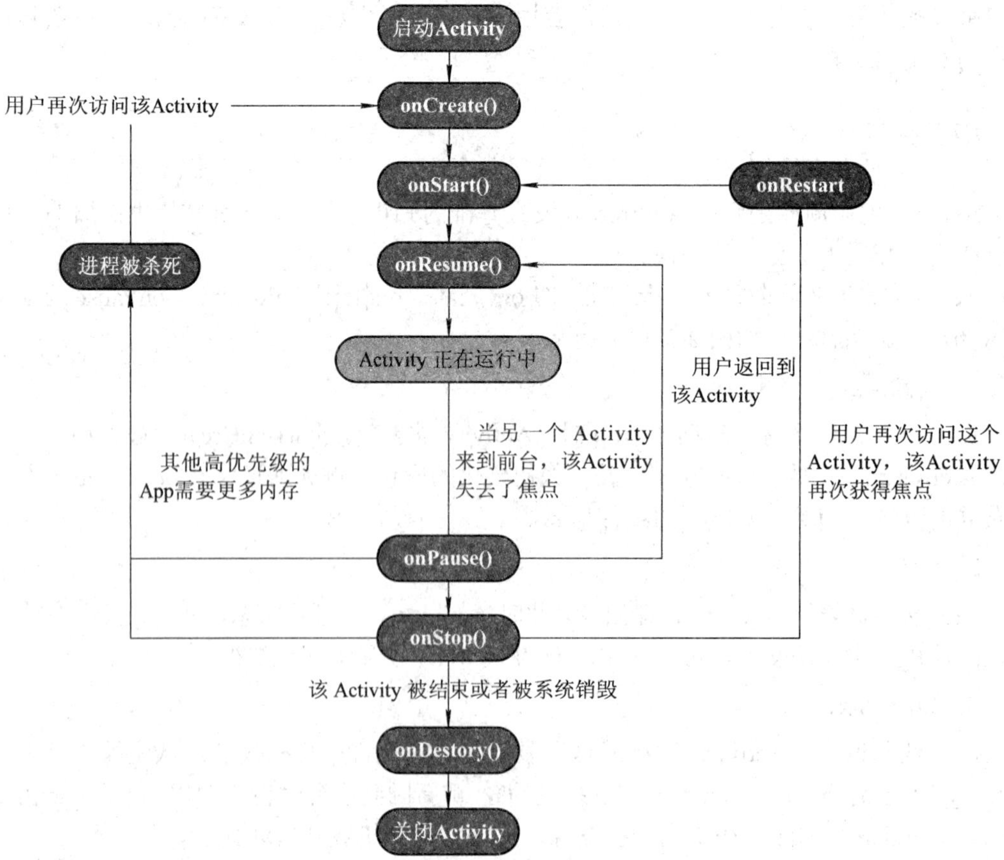

图 2-1-13　Activity 生命周期

2.2 基 本 布 局

◆ 任务目标

设计一个注册页面，要求有用户名、密码、性别、兴趣以及提交与重置按钮。任务完成后效果如图 2-2-1 所示。

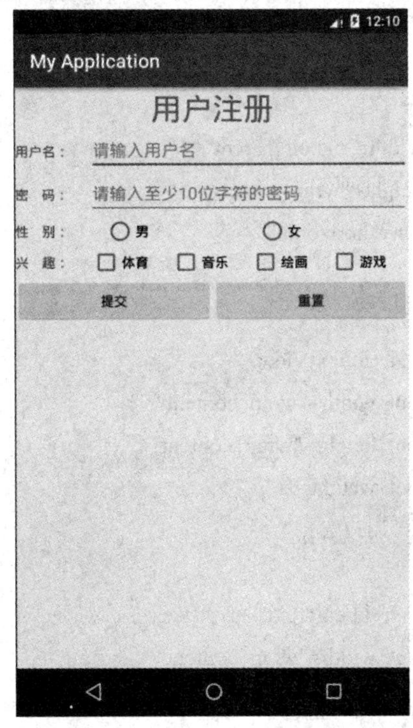

图 2-2-1　注册页面运行效果图

◆ 实施步骤

步骤 1：点击菜单【File】，选择【new】|【new module】，新建一个 Module，命名为 Ex2_2_1，其它设置默认。

步骤 2：在项目文件结构窗口进入 res|layout 目录，修改 activity_main.xml 布局文件，修改布局文件。清单如下：

```
<?xml version="1.0" encoding="utf-8"?>
<LinearLayout xmlns:android="http://schemas.android.com/apk/res/android"
    xmlns:app="http://schemas.android.com/apk/res-auto"
    xmlns:tools="http://schemas.android.com/tools"
    android:layout_width="match_parent"
    android:layout_height="match_parent"
```

```
    android:orientation="vertical"
    tools:context=".MainActivity">

    <TextView
        android:layout_width="match_parent"
        android:layout_height="wrap_content"
        android:gravity="center_horizontal"
        android:text="用户注册"
        android:textSize="32sp" />

    <LinearLayout
        android:layout_width="match_parent"
        android:layout_height="wrap_content"
        android:orientation="horizontal">

        <TextView
            android:id="@+id/textView"
            android:layout_width="wrap_content"
            android:layout_height="wrap_content"
            android:layout_weight="1"
            android:text="用户名：" />
        <EditText
            android:id="@+id/editText"
            android:layout_width="wrap_content"
            android:layout_height="wrap_content"
            android:layout_weight="6"
            android:ems="10"
            android:inputType="textPersonName"
            android:hint="请输入用户名" />

    </LinearLayout>

    <LinearLayout
        android:layout_width="match_parent"
        android:layout_height="wrap_content"
        android:orientation="horizontal">

        <TextView
            android:id="@+id/textView2"
```

```
                android:layout_width="wrap_content"
                android:layout_height="wrap_content"
                android:layout_weight="1"
                android:text="密    码：" />
            <EditText
                android:id="@+id/editText2"
                android:layout_width="wrap_content"
                android:layout_height="wrap_content"
                android:layout_weight="6"
                android:ems="10"
                android:inputType="textPassword"
                android:hint="请输入至少 10 位字符的密码"
                />
        </LinearLayout>

        <LinearLayout
            android:layout_width="match_parent"
            android:layout_height="wrap_content"
            android:layout_gravity="bottom"
            android:orientation="horizontal">

            <TextView
                android:id="@+id/textView3"
                android:layout_width="wrap_content"
                android:layout_height="match_parent"
                android:layout_weight="1"
                android:gravity="center_vertical"
                android:text="性    别：" />
            <RadioGroup
                android:layout_width="wrap_content"
                android:layout_height="wrap_content"
                android:layout_weight="6"
                android:orientation="horizontal">
                <RadioButton
                    android:id="@+id/radioButton2"
                    android:layout_width="wrap_content"
                    android:layout_height="wrap_content"
                    android:layout_weight="1"
                    android:text="男" />
```

```
            <RadioButton
                android:id="@+id/radioButton"
                android:layout_width="wrap_content"
                android:layout_height="wrap_content"
                android:layout_weight="1"
                android:text="女" />
        </RadioGroup>
    </LinearLayout>

    <LinearLayout
        android:layout_width="match_parent"
        android:layout_height="wrap_content"
        android:orientation="horizontal">
        <TextView
            android:id="@+id/textView4"
            android:layout_width="wrap_content"
            android:layout_height="wrap_content"
            android:layout_weight="1"
            android:text="兴趣： " />
        <CheckBox
            android:id="@+id/checkBox"
            android:layout_width="wrap_content"
            android:layout_height="wrap_content"
            android:layout_weight="1"
            android:text="体育" />
        <CheckBox
            android:id="@+id/checkBox4"
            android:layout_width="wrap_content"
            android:layout_height="wrap_content"
            android:layout_weight="1"
            android:text="音乐" />
        <CheckBox
            android:id="@+id/checkBox2"
            android:layout_width="wrap_content"
            android:layout_height="wrap_content"
            android:layout_weight="1"
            android:text="绘画" />
        <CheckBox
            android:id="@+id/checkBox3"
```

```
124                 android:layout_width="wrap_content"
125                 android:layout_height="wrap_content"
126                 android:layout_weight="1"
127                 android:text="游戏" />
128         </LinearLayout>
129
130         <LinearLayout
131             android:layout_width="match_parent"
132             android:layout_height="wrap_content"
133             android:orientation="horizontal">
134             <Button
135                 android:id="@+id/button"
136                 android:layout_width="wrap_content"
137                 android:layout_height="wrap_content"
138                 android:layout_weight="1"
139                 android:text="提交" />
140             <Button
141                 android:id="@+id/button2"
142                 android:layout_width="wrap_content"
143                 android:layout_height="wrap_content"
144                 android:layout_weight="1"
145                 android:text="重置" />
146         </LinearLayout>
147     </LinearLayout>
```

◆ 案例分析

从布局来说，如果读者有网页设计经验，那么布局就不是一件很麻烦的事情，线性布局基本上能够满足一半的需求。本例中，将页面从上至下分成 6 个部分，如图 2-2-2 所示。

行 10～15：由于标题部分非常简单，只需要一个控件，所以这里直接添加一个 TextView。

行 17～37：因为用户名区域需要多个控件，考虑到控件是从左到右的水平布局，所以行 17～37 添加了一个设置为水平方向的 LinearLayout，用来水平布置控件。用同样的办法为密码、性别、兴趣和按钮区域进行布局。

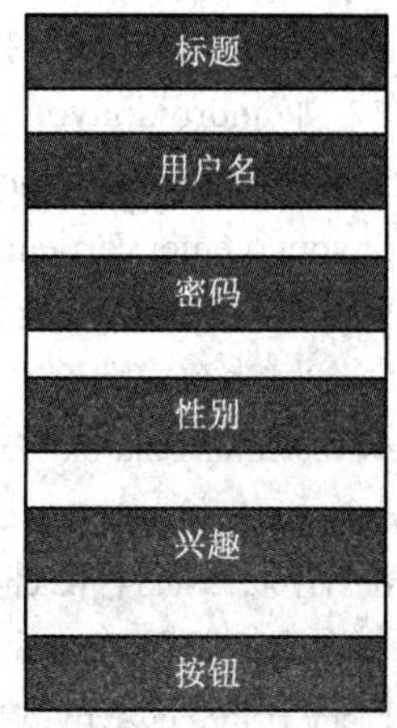

图 2-2-2 布局分析

◆ 相关知识

Android 六大基本布局分别是：线性布局 LinearLayout、表格布局 TableLayout、相对布局 RelativeLayout、层布局 FrameLayout、绝对布局 AbsoluteLayout、网格布局 GridLayout。其中，表格布局是线性布局的子类。网格布局是 android 4.0 后新增的布局。在手机程序设计中，绝对布局基本不用，用得相对较多的是线性布局和相对布局。

1. RelativeLayout 相对布局

相对布局可以设置子控件相对于兄弟控件或父控件进行布局，如上下左右对齐。

RelativeLayout 能替换一些嵌套视图，当程序开发员用 LinearLayout 来实现一个简单的布局但又使用了过多的嵌套时，就可以考虑使用 RelativeLayout 重新布局。相对布局一定要加 Id 才能管理。

RelativeLayout 中子控件常用属性如下：

(1) 相对于父控件，如 android:layout_alignParentTop="true"。

android:layout_alignParentTop：控件的顶部与父控件的顶部对齐。

android:layout_alignParentBottom：控件的底部与父控件的底部对齐。

android:layout_alignParentLeft：控件的左部与父控件的左部对齐。

android:layout_alignParentRight：控件的右部与父控件的右部对齐。

(2) 相对给定 Id 控件，如 android:layout_above="@id/**"。

android:layout_above：控件的底部置于给定 ID 的控件之上。

android:layout_below：控件的底部置于给定 ID 的控件之下。

android:layout_toLeftOf：控件的右边缘与给定 ID 的控件左边缘对齐。

android:layout_toRightOf：控件的左边缘与给定 ID 的控件右边缘对齐。

android:layout_alignBaseline：控件的 baseline 与给定 ID 的 baseline 对齐。

android:layout_alignTop：控件的顶部边缘与给定 ID 的顶部边缘对齐。

android:layout_alignBottom：控件的底部边缘与给定 ID 的底部边缘对齐。

android:layout_alignLeft：控件的左边缘与给定 ID 的左边缘对齐。

android:layout_alignRight：控件的右边缘与给定 ID 的右边缘对齐。

(3) 居中，如 android:layout_centerInParent="true"。

android:layout_centerHorizontal：水平居中。

android:layout_centerVertical：垂直居中。

android:layout_centerInParent：父控件的中央。

下面是一个相对布局案例：

```
<RelativeLayout xmlns:android="http://schemas.android.com/apk/res/android"
    xmlns:tools="http://schemas.android.com/tools"
    android:layout_width="match_parent"
    android:layout_height="match_parent"
    tools:context=".MainActivity">
```

```

    <Button
        android:id="@+id/button_center"
        android:layout_width="wrap_content"
        android:layout_height="wrap_content"
        android:layout_centerInParent="true"
        android:text="center"/>

    <Button
        android:id="@+id/button_above"
        android:layout_width="wrap_content"
        android:layout_height="wrap_content"
        android:layout_above="@+id/button_center"
        android:layout_centerInParent="true"
        android:text="above"/>

    <Button
        android:id="@+id/button_below"
        android:layout_width="wrap_content"
        android:layout_height="wrap_content"
        android:layout_below="@+id/button_center"
        android:layout_centerInParent="true"
        android:text="below"/>

    <Button
        android:id="@+id/button_left"
        android:layout_width="wrap_content"
        android:layout_height="wrap_content"
        android:layout_toLeftOf="@+id/button_center"
        android:layout_centerVertical="true"
        android:text="left"/>

    <Button
        android:id="@+id/button_right"
        android:layout_width="wrap_content"
        android:layout_height="wrap_content"
        android:layout_toRightOf="@+id/button_center"
        android:layout_centerVertical="true"
        android:text="right"/>
```

```
</RelativeLayout>
```

效果如图 2-2-3 所示。

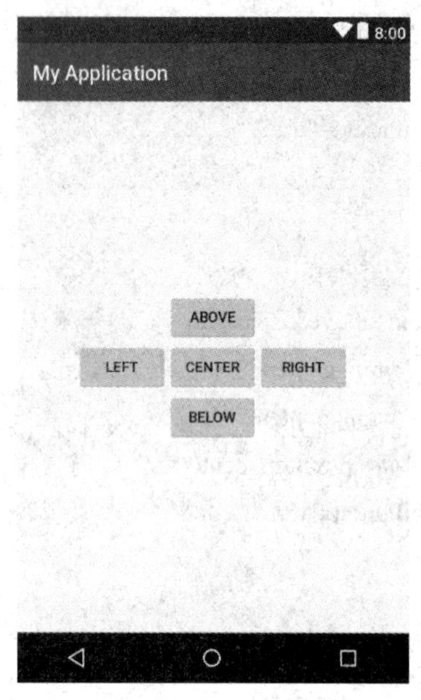

图 2-2-3　相对布局

2. TableLayout 表格布局

表格布局适用于多行多列的布局格式，每个 TableLayout 是由多个 TableRow 组成的，一个 TableRow 就表示 TableLayout 中的一行，这一行可以由多个子元素组成。实际上 TableLayout 和 TableRow 都是 LineLayout 线性布局的子类。但是 TableRow 的参数 android:orientation 属性值固定为 horizontal，且 android:layout_width=MATCH_PARENT，android:layout_height=WRAP_CONTENT。所以 TableRow 实际是一个横向的线性布局，所以子元素宽度和高度一致。

(1) TableLayout 常用属性如下：

android:shrinkColumns：设置可收缩的列，内容过多就收缩显示到第二行。

android:stretchColumns：设置可伸展的列，将空白区域填充满整个列。

android:collapseColumns：设置要隐藏的列。

列的索引从 0 开始，shrinkColumns 和 stretchColumns 可以同时设置。

(2) 子控件常用属性如下：

android:layout_column：第几列。

android:layout_span：占据列数。

在 Ex2_2_1 中添加一个布局文件 ex_ tablelayout.xml，清单如下：

```
<?xml version="1.0" encoding="utf-8"?><LinearLayout
xmlns:android="http://schemas.android.com/apk/res/android"
    android:orientation="vertical" android:layout_width="match_parent"
    android:layout_height="match_parent">
```

```

    <LinearLayout
        android:layout_width="match_parent"
        android:layout_height="50dp"
        android:gravity="center">
        <TextView
            android:layout_width="wrap_content"
            android:layout_height="wrap_content"
            android:text="首页"/>
    </LinearLayout>

    <LinearLayout
        android:layout_width="match_parent"
        android:layout_height="match_parent"
        android:layout_weight="1"
        android:gravity="center">

        <TableLayout
            android:layout_width="match_parent"
            android:layout_height="match_parent"
            android:stretchColumns="0,1,2"
            android:gravity="center">

            <TableRow>
                <TextView
                    android:layout_width="100dp"
                    android:layout_height="100dp"
                    android:layout_margin="5dp"
                    android:background="#e2a617"
                    android:text="文件管理"
                    android:gravity="center"/>

                <TextView
                    android:layout_width="100dp"
                    android:layout_height="100dp"
                    android:layout_margin="5dp"
                    android:background="#0d637f"
                    android:text="应用商店"
                    android:gravity="center"/>

```

```
                    <TextView
                        android:layout_width="100dp"
                        android:layout_height="100dp"
                        android:layout_margin="5dp"
                        android:background="#aa2266"
                        android:text="文件管理"
                        android:gravity="center"/>
                </TableRow>

                <TableRow>
                    <TextView
                        android:layout_width="100dp"
                        android:layout_height="100dp"
                        android:layout_margin="5dp"
                        android:background="#45e15f"
                        android:text="应用管理"
                        android:gravity="center"/>
                    <TextView
                        android:layout_width="200dp"
                        android:layout_height="100dp"
                        android:layout_margin="5dp"
                        android:background="#3924a4"
                        android:text="应用中心"
                        android:gravity="center"
                        android:layout_span="2"/>
                </TableRow>

            </TableLayout>

        </LinearLayout>

        <TableLayout
            android:layout_width="match_parent"
            android:layout_height="55dp"
            android:background="#f5f5f5"
            android:stretchColumns="0,1,2,3"
            android:gravity="center_vertical">

            <TableRow>
                <TextView
```

```
                    android:layout_width="wrap_content"
                    android:layout_height="wrap_content"
                    android:gravity="center"
                    android:text="首页" />
                <TextView
                    android:layout_width="wrap_content"
                    android:layout_height="wrap_content"
                    android:gravity="center"
                    android:text="消息" />
                <TextView
                    android:layout_width="wrap_content"
                    android:layout_height="wrap_content"
                    android:gravity="center"
                    android:text="发现" />
                <TextView
                    android:layout_width="wrap_content"
                    android:layout_height="wrap_content"
                    android:gravity="center"
                    android:text="我" />
            </TableRow>
        </TableLayout>
    </LinearLayout>
```

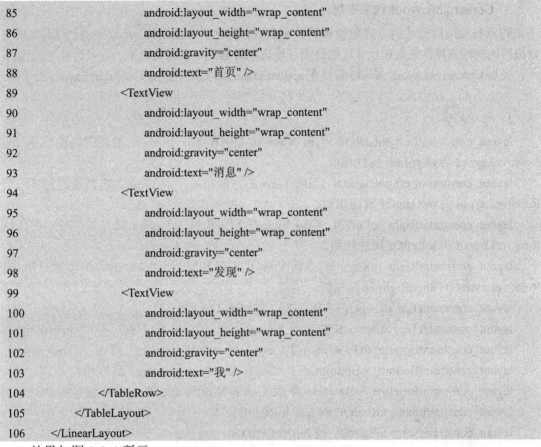

效果如图 2-2-4 所示。

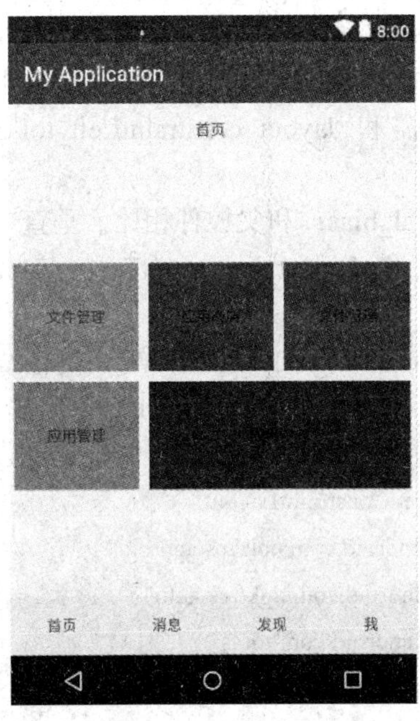

图 2-2-4　表格布局

3. ConstraintLayout 约束布局

约束布局可用灵活的方式定位和调整小部件，相对于 RelativeLayout 来说，约束布局可以按照比例约束控件位置和尺寸，能够更好地适配屏幕大小不同的机型，而且性能更出色。

使用 ConstraintLayout 布局时需要在 app/build.gradle 文件中添加 ConstraintLayout 的依赖。

约束布局功能强大，内容较多，这里仅介绍相对定位和角度定位知识。

1) 相对定位

layout_constraintLeft_toLeftOf :当前 View 的左侧和另一个 View 的左侧位置对齐，与 RelativeLayout 的 alignLeft 属性相似。

layout_constraintLeft_toRightOf :当前 View 的左侧和另一个 View 的右侧位置对齐，与 RelativeLayout 的 toRightOf 属性相似。

layout_constraintRight_toLeftOf :当前 View 的右侧和另一个 View 的左侧位置对齐，与 RelativeLayout 的 toLeftOf 属性相似。

layout_constraintRight_toRightOf :当前 View 的右侧和另一个 View 的右侧位置对齐，与 RelativeLayout 的 alignRight 属性相似。

layout_constraintTop_toTopOf :头部对齐，与 alignTop 相似。

layout_constraintTop_toBottomOf :当前 View 在另一个 View 的下侧对齐，与 below 相似。

layout_constraintBottom_toTopOf :当前 View 在另一个 View 的上方对齐，与 above 相似。

layout_constraintBottom_toBottomOf ：底部对齐，与 alignBottom 属性相似。

layout_constraintBaseline_toBaselineOf :文字底部对齐,与 alignBaseLine 属性相似。

layout_constraintStart_toEndOf :同 left_toRightOf。

layout_constraintStart_toStartOf :同 left_toLeftOf。

layout_constraintEnd_toStartOf :同 right_toLeftOf。

layout_constraintEnd_toEndOf :同 right_toRightOf。

app:layout_constraintHorizontal_bias：和父控件相比，水平方向从左至右的位置(父控件最左侧为 0，最右侧为 1)需和 layout_constraintLeft_toLeftOf、layout_constraintRight_toRightOf 同时使用。

app:layout_constraintVertical_bias：和父控件相比，垂直方向从上至下的位置(父控件最顶部为 0，最底部为 1)需和 layout_constraintTop_toTopOf、layout_constraintBottom_toBottomOf 同时使用。

layout_constraintBaseline_toBaselineOf：当前 View 的基线与另一个 View 的基线对齐。

在 Ex2_2_1 中添加一个布局文件 ex_constraintlayout.xml，清单如下：

```
<?xml version="1.0" encoding="utf-8"?>
<androidx.constraintlayout.widget.ConstraintLayout
xmlns:android="http://schemas.android.com/apk/res/android"
    xmlns:app="http://schemas.android.com/apk/res-auto"
    xmlns:tools="http://schemas.android.com/tools"
    android:layout_width="match_parent"
    android:layout_height="match_parent"
```

```
    tools:context=".MainActivity">

    <TextView
        android:id="@+id/tv1"
        android:layout_width="wrap_content"
        android:layout_height="wrap_content"
        android:text="我在左上方"
        android:background="#ff0000"
        app:layout_constraintBottom_toBottomOf="parent"
        app:layout_constraintHorizontal_bias="0.1"
        app:layout_constraintLeft_toLeftOf="parent"
        app:layout_constraintRight_toRightOf="parent"
        app:layout_constraintTop_toTopOf="parent" />

    <TextView
        android:id="@+id/tv2"
        android:layout_width="0dp"
        app:layout_constraintWidth_percent="0.5"
        android:layout_height="wrap_content"
        android:background="@color/colorPrimary"
        android:text="我在右上方"
        app:layout_constraintLeft_toRightOf="@id/tv1"
        app:layout_constraintTop_toTopOf="@id/tv1"
  />

    <TextView
        android:id="@+id/tv3"
        android:layout_width="wrap_content"
        android:layout_height="wrap_content"
        android:background="#00ff00"
        android:text="我在左下方"
        app:layout_constraintLeft_toLeftOf="@id/tv1"
        app:layout_constraintTop_toBottomOf="@id/tv1"
  />

</androidx.constraintlayout.widget.ConstraintLayout>
```

效果如图 2-2-5 所示。

图 2-2-5 相对定位

2) 角度定位

角度定位能够以一定角度和距离约束两个窗口小部件中心的相对位置。使用角度定位可以实现将一个控件放置在一个圆内。

layout_constraintCircle：引用另一个控件 ID。

layout_constraintCircleRadius：到其它控件中心的距离。

layout_constraintCircleAngle：控件应处于哪个角度。

在 Ex2_2_1 中添加一个布局文件 ex_ constraintlayout_circle.xml，清单如下：

```
<androidx.constraintlayout.widget.ConstraintLayout
    xmlns:android="http://schemas.android.com/apk/res/android"
    xmlns:app="http://schemas.android.com/apk/res-auto"
    xmlns:tools="http://schemas.android.com/tools"
    android:layout_width="match_parent"
    android:layout_height="match_parent">

    <TextView
        android:id="@+id/tv1"
        android:layout_width="wrap_content"
        android:layout_height="wrap_content"
        android:text="我是中心点"
        app:layout_constraintBottom_toBottomOf="parent"
        app:layout_constraintTop_toTopOf="parent"
        app:layout_constraintLeft_toLeftOf="parent"
        app:layout_constraintRight_toRightOf="parent"
```

```
            app:layout_constraintHorizontal_bias="0.1"
            app:layout_constraintVertical_bias="0.1"
            />

    <TextView
        android:id="@+id/tv2"
        android:layout_width="91dp"
        android:layout_height="45dp"
        android:text="角度定位"
        app:layout_constraintCircle="@+id/tv1"
        app:layout_constraintCircleAngle="120"
        app:layout_constraintCircleRadius="150dp"
        />
</androidx.constraintlayout.widget.ConstraintLayout>
```

效果如图 2-2-6 所示。

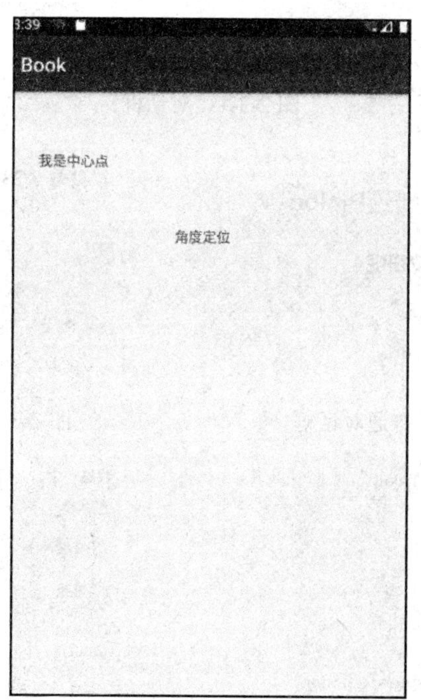

图 2-2-6　角度定位

2.3　对话框与事件

◆ 任务目标

创建一个项目，展示多种对话框，具体如图 2-3-1 至图 2-3-7 所示。

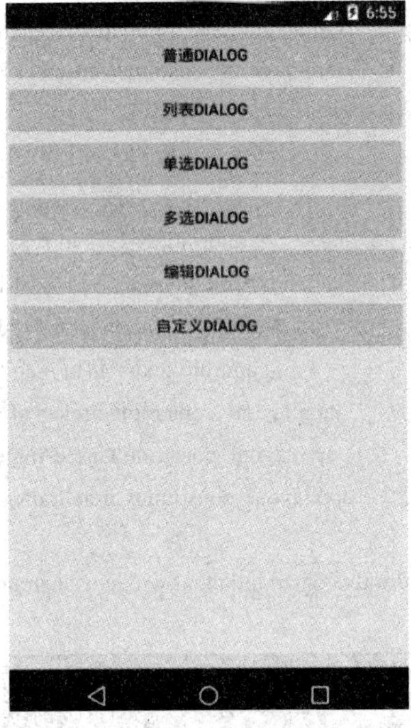

图 2-3-1　对话框

图 2-3-2　普通对话框

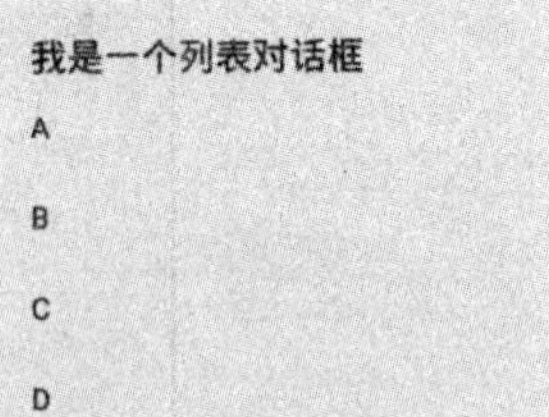

图 2-3-3　列表对话框

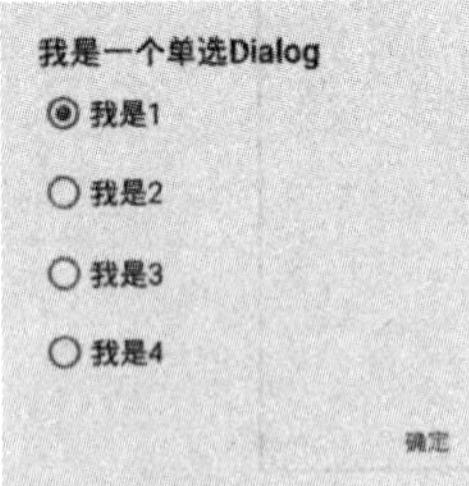

图 2-3-4　单选对话框

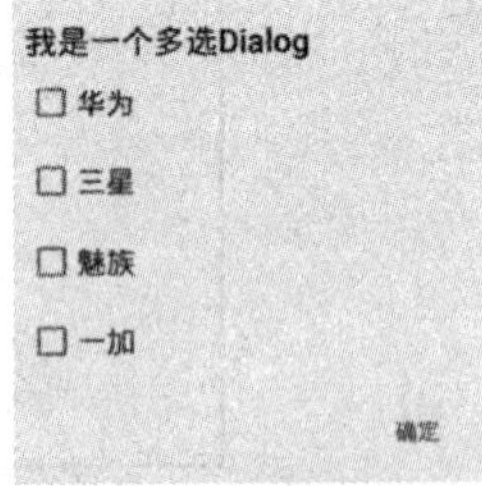

图 2-3-5　多选对话框

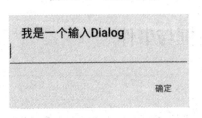

图 2-3-6　输入对话框

图 2-3-7　视图自定义对话框

◆ 实施步骤

步骤 1：点击菜单【File】，选择【new】|【new module】，新建一个 Module，命名为 Ex2_3_1。在项目文件结构窗口进入 res|layout 目录，修改 activity_main.xml 布局文件。清单如下：

```
<?xml version="1.0" encoding="utf-8"?>
<LinearLayout xmlns:android="http://schemas.android.com/apk/res/android"
    xmlns:tools="http://schemas.android.com/tools"
    android:layout_width="match_parent"
    android:layout_height="match_parent"
    android:orientation="vertical"
    tools:context=".MainActivity">
    <Button
        android:id="@+id/button1"
        android:layout_width="match_parent"
        android:layout_height="wrap_content"
        android:text="普通 Dialog" />

    <Button
        android:id="@+id/button2"
        android:layout_width="match_parent"
        android:layout_height="wrap_content"
        android:text="列表 Dialog" />

    <Button
        android:id="@+id/button3"
        android:layout_width="match_parent"
        android:layout_height="wrap_content"
        android:text="单选 Dialog" />

    <Button
        android:id="@+id/button4"
        android:layout_width="match_parent"
        android:layout_height="wrap_content"
        android:text="多选 Dialog" />
    <Button
        android:id="@+id/button5"
        android:layout_width="match_parent"
        android:layout_height="wrap_content"
```

```
            android:text="编辑 Dialog" />
        <Button
            android:id="@+id/button6"
            android:layout_width="match_parent"
            android:layout_height="wrap_content"
            android:text="自定义 Dialog" />
</LinearLayout>
```

步骤 2：在/res/drawable/下添加一张 gif 格式图片，命名为 dialog.gif。

步骤 3：在/res/layout/下添加 custom_dialog.xml。具体清单如下：

```
<?xml version="1.0" encoding="utf-8"?>
<LinearLayout xmlns:android="http://schemas.android.com/apk/res/android"
    android:orientation="vertical"
    android:layout_width="match_parent"
    android:layout_height="match_parent">
    <TextView
        android:layout_width="match_parent"
        android:layout_height="wrap_content"
        android:text="自定义视图"
        />
    <EditText
        android:id="@+id/edit_text"
        android:layout_width="match_parent"
        android:layout_height="wrap_content"
        />
</LinearLayout>
```

步骤 4：修改 MainActivity.java 内容。修改后的清单如下：

```
package com.example.ex2_3;

import android.app.Activity;
import android.app.AlertDialog;
import android.app.ProgressDialog;
import android.content.DialogInterface;
import android.os.Bundle;
import android.view.LayoutInflater;
import android.view.View;
import android.widget.Button;
import android.widget.EditText;
import android.widget.Toast;
import java.util.ArrayList;
```

```
public class MainActivity extends Activity {
    private Button btn1,btn2,btn3,btn4,btn5,btn6;
    private int theChoice;
    private ArrayList<Integer> theChoices = new ArrayList<>();

    @Override
    protected void onCreate(Bundle savedInstanceState) {
        super.onCreate(savedInstanceState);
        setContentView(R.layout.activity_main);
        initView();
    }
    private void initView(){
        btn1=(Button)findViewById(R.id.button1);
        btn2=(Button)findViewById(R.id.button2);
        btn3=(Button)findViewById(R.id.button3);
        btn4=(Button)findViewById(R.id.button4);
        btn5=(Button)findViewById(R.id.button5);
        btn6=(Button)findViewById(R.id.button6);

        btn1.setOnClickListener(new View.OnClickListener() {
            @Override
            public void onClick(View v) {
                showNormalDialog();
            }
        });

        btn2.setOnClickListener(new View.OnClickListener() {
            @Override
            public void onClick(View v) {
                showListDialog();
            }
        });
        btn3.setOnClickListener(new View.OnClickListener() {
            @Override
            public void onClick(View v) {
                showChoiceDialog();
            }
        });
```

```

        btn4.setOnClickListener(new View.OnClickListener() {
            @Override
            public void onClick(View v) {
                showMultiChoiceDialog();
            }
        });

        btn5.setOnClickListener(new View.OnClickListener() {
            @Override
            public void onClick(View v) {
                showEditDialog();
            }
        });

        btn6.setOnClickListener(new View.OnClickListener() {
            @Override
            public void onClick(View v) {
                showCustomlDialog();
            }
        });
    }
        //普通对话框
    private void showNormalDialog() {
        /* @setIcon 设置对话框图标
         * @setTitle 设置对话框标题
         * @setMessage 设置对话框消息提示
         * setXXX 方法返回 Dialog 对象，因此可以链式设置属性
         */
        final AlertDialog.Builder normalDialog = new AlertDialog.Builder(MainActivity.this);
        normalDialog.setIcon(R.drawable.dialog);
        normalDialog.setTitle("我是一个普通 Dialog");
        normalDialog.setMessage("你要点击哪一个按钮呢?");
        normalDialog.setPositiveButton("确定",
                new DialogInterface.OnClickListener() {
                    @Override
                    public void onClick(DialogInterface dialog, int which) {
                        Toast.makeText(MainActivity.this, "ok", Toast.LENGTH_LONG).show();
                    }
```

```
                    });
            normalDialog.setNegativeButton("关闭",
                    new DialogInterface.OnClickListener() {
                        @Override
                        public void onClick(DialogInterface dialog, int which) {
                            Toast.makeText(MainActivity.this, "no", Toast.LENGTH_LONG).show();
                        }
                    });
            // 显示
            normalDialog.show();
        }
            //列表对话框
        private void showListDialog(){
            final String[] items = {"A","B","C","D"};
            AlertDialog.Builder listDialog = new AlertDialog.Builder(MainActivity.this);
            listDialog.setTitle("我是一个列表对话框");
            listDialog.setItems(items, new DialogInterface.OnClickListener() {
                @Override
                public void onClick(DialogInterface dialog, int which) {
                    Toast.makeText(MainActivity.this,"你点击了"
    +items[which],Toast.LENGTH_SHORT).show();
                }
            });
            listDialog.show();
        }
            //单选对话框
        private void showChoiceDialog() {
            final String[] items = { "我是 1","我是 2","我是 3","我是 4" };
            theChoice = -1;
            AlertDialog.Builder singleChoiceDialog =
                    new AlertDialog.Builder(MainActivity.this);
            singleChoiceDialog.setTitle("我是一个单选 Dialog");
            // 第二个参数是默认选项，此处设置为 0
            singleChoiceDialog.setSingleChoiceItems(items, 0,
                    new DialogInterface.OnClickListener() {
                        @Override
                        public void onClick(DialogInterface dialog, int which) {
                            theChoice = which;
                        }
```

```
                }));
        singleChoiceDialog.setPositiveButton("确定",
                new DialogInterface.OnClickListener() {
                    @Override
                    public void onClick(DialogInterface dialog, int which) {
                        if (theChoice != -1) {
                            Toast.makeText(MainActivity.this,
                                    "你选择了" + items[theChoice],
                                    Toast.LENGTH_SHORT).show();
                        }
                    }
                });
        singleChoiceDialog.show();
    }
        //多选对话框
    private void showMultiChoiceDialog() {

        final String[] items = { "华为","三星","魅族","一加" };
        // 设置默认选中的选项，全为 false 默认均未选中
        final boolean initChoiceSets[]={false,false,false,false};
        theChoices.clear();
        AlertDialog.Builder multiChoiceDialog =
                new AlertDialog.Builder(MainActivity.this);
        multiChoiceDialog.setTitle("我是一个多选 Dialog");
        multiChoiceDialog.setMultiChoiceItems(items, initChoiceSets,
                new DialogInterface.OnMultiChoiceClickListener() {
                    @Override
                    public void onClick(DialogInterface dialog, int which,
                                        boolean isChecked) {
                        if (isChecked) {
                            theChoices.add(which);
                        } else {
                            theChoices.remove(which);
                        }
                    }
                });
        multiChoiceDialog.setPositiveButton("确定",
                new DialogInterface.OnClickListener() {
                    @Override
```

```
                    public void onClick(DialogInterface dialog, int which) {
                        int size = theChoices.size();
                        String str = "";
                        for (int i = 0; i < size; i++) {
                            str += items[theChoices.get(i)] + " ";
                        }
                        Toast.makeText(MainActivity.this,
                                "你选中了" + str,
                                Toast.LENGTH_SHORT).show();
                    }
                });
        multiChoiceDialog.show();

    }
        //输入对话框
    private void showEditDialog() {
        /*@setView 装入一个 EditView
         */
        final EditText editText = new EditText(MainActivity.this);
        AlertDialog.Builder inputDialog =
                new AlertDialog.Builder(MainActivity.this);
        inputDialog.setTitle("我是一个输入 Dialog").setView(editText);
        inputDialog.setPositiveButton("确定",
                new DialogInterface.OnClickListener() {
                    @Override
                    public void onClick(DialogInterface dialog, int which) {
                        Toast.makeText(MainActivity.this,
                                editText.getText().toString(),
                                Toast.LENGTH_SHORT).show();
                    }
                }).show();
    }
        //自定义对话框
    private void showCustomlDialog() {
        /* @setView 装入自定义 View (custom_dialog.xml)
         * custom_dialog.xml 可自定义复杂的 View
         */
        AlertDialog.Builder customDialog =
                new AlertDialog.Builder(MainActivity.this);
```

```
209            final View dialogView = LayoutInflater.from(MainActivity.this).
210                    inflate(R.layout.custom_dialog,null);
211            customDialog.setTitle("我是一个视图自定义 Dialog");
212            customDialog.setView(dialogView);
213            customDialog.setPositiveButton("确定",
214                    new DialogInterface.OnClickListener() {
215                        @Override
216                        public void onClick(DialogInterface dialog, int which) {
217                            // 获取 EditView 中的输入内容
218                            EditText edit_text =
219                             (EditText) dialogView.findViewById(R.id.edit_text);
220                            Toast.makeText(MainActivity.this,
221                                    edit_text.getText().toString(),
222                                    Toast.LENGTH_SHORT).show();
223                        }
224                    });
225            customDialog.show();
226        }
227    }
228
229
230
```

步骤 5：运行并观察效果。

◆ 案例分析

布局文件比较简单，这里不做过多分析。

MainActivity.java 清单分析如下：

行 34～39：为 btn1 对象设置一个单击事件监听器，当发生单击时，立即回调 onClick() 方法，即执行 showNormalDialog 方法。需要注意的是这里的参数是 View.OnClickListener 接口。

实际上 new View.OnClickListener()就是创建了一个匿名的接口实现类的实例。其中 onClick 方法是 OnClickListener 中定义的抽象方法。onClick 的参数 v，表示触发了该事件的对象，这里就是 btn1。

行 41～74：同上。

行 76～102：创建一个普通对话框。AlertDialog 不能直接 new，而是通过 AlertDialog.Bulider 创建。setIcon 设置图标，setTitle 设置标题，setMessage 设置对话框消息内容。

AlertDialog 对话框可以设置 1～3 个按钮，分别通过 setPositiveButton、setNegativeButton 和 setNeutralButton 设定。对于更复杂的对话框，可以使用自定义视图来实现。

行 104：show 方法用于显示对话框。

行 107～116：创建一个列表对话框。Items 数组用于列表项中的内容；setItems 方法为对话框设置列表项。

行 110：onClick(DialogInterface dialog, int which) 其中 which 参数表示列表项目的位置(从 0 开始计算)。

行 117～144：创建单选对话框。行 123 中 setSingleChoiceItems (CharSequence[] items, int checkedItem, DialogInterface.OnClickListener listener)中第 2 个参数表示默认选择的项目位置，如果都不选择，则设置为-1。

行 145～183：创建一个多选对话框。行 155 中 setMultiChoiceItems (CharSequence[] items, boolean[] checkedItems, DialogInterface.OnMultiChoiceClickListener listener)中第 2 个参数 checkedItems 表示是否默认选择某些项目，如果默认选择，则该数组长度必须和第一个参数 items 相同，如果不选择，可以设置为 null。

行 184～201：创建一个带有输入框的对话框。行 188 定义一个 EditText 的实例 editText，行 195 中 setView(editText)表示将 editText 作为该对话框的视图。行 191 中 editText.getText()获取用户在文本框中输入的内容。

行 202～227：创建一个自定义对话框。所谓自定义就是对话框内容部分设置为自己定义的视图(上面一个输入框对话框就是如此，但复杂的视图编程过于麻烦，最好通过布局文件来实现)，行 211～213 将布局文件 custom_dialog.xml 转换为一个视图变量 dialogView。行 212 中的 setView 方法将 dialogView 设置为对话框视图。行 216～217 获取 custom_dialog.xml 中的 EditText。

相关知识

1. 对话框

创建 AlertDialog 的步骤如下：

(1) 创建 AlertDialog.Builder 对象。

(2) 调用 Builder 对象的 setTitle 方法设置标题，setIcon 方法设置图标。

(3) 调用 Builder 相关方法如 setMessage 方法、setItems 方法、setSingleChoiceItems 方法、setMultiChoiceItems 方法、setAdapter 方法、setView 方法设置不同类型的对话框内容。

(4) 调用 setPositiveButton、setNegativeButton、setNeutralButton 设置多个按钮。

(5) 调用 Builder 对象的 create()方法创建 AlertDialog 对象。

(6) 调用 AlertDialog 对象的 show()方法将对话框显示出来。

2. 事件

Android 中的事件处理通常用于响应用户 UI 动作，提高应用程序交互性。例如单击按钮，触摸某个对象等。

1) 监听事件处理模型

生活中发生的事件处理实例很多，如小朋友摔倒，家长看到立即将他抱起来。在 Android

中，将完整的事件分成 3 个主要参与对象：事件源、事件和事件监听者。

事件源(Event Source)：事件发生的来源。如按钮、菜单等 UI 控件。如前面的小朋友就是事件源。

事件(Event)：事件源上发生的特定动作。如按钮上发生的单击动作。如小朋友摔倒的这个动作就是一个事件。

事件监听器(Event Listener)：监听事件源发生的事件，并对被监听的事件做出相应的处理。如为某个按钮设置一个单击监听器，当该按钮发生单击事件的时候，弹出一个对话框。上面的例子中，家长就是一个事件监听器，时刻监听(观察)小朋友是否发生了摔倒事件，当发生之后，立即响应处理——将小朋友抱起来。

所以 Android 中事件处理的完整过程就是为事件源设置一个对应的事件监听器，在监听器中编写响应方法。

2) 监听事件响应处理方法

(1) 通过 UI 布局文件，设定 UI 的 android:onClick 的属性(事件处理方法)。

注意：代码里面有个跟 android:onClick 设置的同名方法，且该方法必须是 public void 的，同时有一个 View 类型的参数，该参数表示事件源对象。

步骤 1：新建 Module，命名为 Ex2_3_2。清单如下：

```
<?xml version="1.0" encoding="utf-8"?>
<LinearLayout xmlns:android="http://schemas.android.com/apk/res/android"
    xmlns:app="http://schemas.android.com/apk/res-auto"
    xmlns:tools="http://schemas.android.com/tools"
    android:layout_width="match_parent"
    android:layout_height="match_parent"
    android:orientation="vertical"
    tools:context=".MainActivity">

    <Button
        android:id="@+id/button"
        android:layout_width="match_parent"
        android:layout_height="wrap_content"
        android:text="事件测试按钮"
        android:onClick="btnClick" />
</LinearLayout>
```

步骤 2：修改 MainActivity.java 文件。清单如下：

```
package com.example.ex2_3_2;
…

public class MainActivity extends AppCompatActivity {

    @Override
```

```
    protected void onCreate(Bundle savedInstanceState) {
        super.onCreate(savedInstanceState);
        setContentView(R.layout.activity_main);
    }

    public void btnClick(View view) {
        Toast.makeText(this,((Button)view).getText()
                +"被单击",Toast.LENGTH_SHORT).show();
    }
}
```

(2) 通过匿名类响应事件。

创建 Module，命名为 Ex2_3_3，清单同 Ex2_3_2。修改 MainActivity.java 文件。清单如下：

```
public class MainActivity extends AppCompatActivity {

    @Override
    protected void onCreate(Bundle savedInstanceState) {
        super.onCreate(savedInstanceState);
        setContentView(R.layout.activity_main);
        Button btn = (Button)findViewById(R.id.button);
        btn.setOnClickListener(new View.OnClickListener() {
            @Override
            public void onClick(View v) {
                Toast.makeText(MainActivity.this,
                        "发生了单击事件",Toast.LENGTH_SHORT).show();
            }
        });
    }
}
```

(3) 通过内部类响应事件。

创建 Module，命名为 Ex2_3_4，清单同 Ex2_3_2。修改 MainActivity.java 文件。清单如下：

```
public class MainActivity extends AppCompatActivity {

    @Override
    protected void onCreate(Bundle savedInstanceState) {
        super.onCreate(savedInstanceState);
        setContentView(R.layout.activity_main);
        Button btn = (Button)findViewById(R.id.button);
        btn.setOnClickListener( new MyListener());
```

```
    }

    private class MyListener implements View.OnClickListener {
        @Override
        public void onClick(View v) {
            Toast.makeText(MainActivity.this,"发生了单击事件",Toast.LENGTH_SHORT).show();
        }
    }
}
```

(4) 通过外部类相应事件。

创建 Module，命名为 Ex2_3_5，清单同 Ex2_3_2 所示。修改 MainActivity.java 文件。清单如下：

```
public class MainActivity extends AppCompatActivity {

    @Override
    protected void onCreate(Bundle savedInstanceState) {
        super.onCreate(savedInstanceState);
        setContentView(R.layout.activity_main);
        Button btn = (Button)findViewById(R.id.button);
        btn.setOnClickListener( new OutListener(this));
    }
}
```

在 MainActivity.java 同一个目录下创建一个 OutListener.java 文件。清单如下：

```
class OutListener implements View.OnClickListener {
    private Context context;
    /**
     * 为了让 Toast 能正常运行，必须引入上下
     * 文环境——MainActivity。引入外部参数，
     * 最通用的办法就是通过构造方法来实现。
     * @param context
     */
    public OutListener(Context context){
        this.context=context;
    }
    @Override
    public void onClick(View v) {
        Toast.makeText(context,"发生了单击事件",Toast.LENGTH_SHORT).show();
    }
}
```

(5) 通过 Activity 自身类响应事件。

创建 Module，命名为 Ex2_3_6，布局文件同 Ex2_3_2。修改 MainActivity.java 文件。清单如下：

```
public class MainActivity extends AppCompatActivity implements View.OnClickListener {

    @Override
    protected void onCreate(Bundle savedInstanceState) {
        super.onCreate(savedInstanceState);
        setContentView(R.layout.activity_main);
        Button btn =(Button)findViewById(R.id.button);
        btn.setOnClickListener(this);
    }

    @Override
    public void onClick(View v) {
        Toast.makeText(this,"发生了单击事件",Toast.LENGTH_SHORT).show();
    }
}
```

2.4　菜　　单

◆ 任务目标

编写一个 App，要求带有“开始游戏”和“结束游戏”的菜单项。效果如图 2-4-1 所示。

图 2-4-1　有选项的 Activity

◆ 实施步骤

步骤 1：创建一个 Module，命名为 Ex2_4_1。

步骤 2：在 res 目录上单击右键，新建一个资源文件夹，如图 2-4-2 所示。在添加资源文件夹窗口，将 Resource type 设置为 menu，如图 2-4-3 所示。

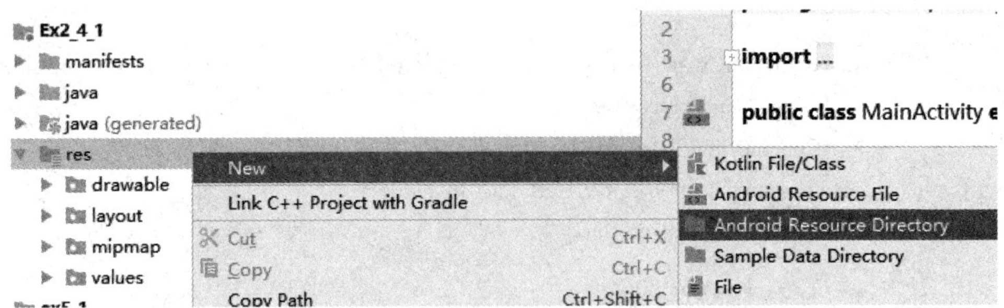

图 2-4-2　添加 menu 目录

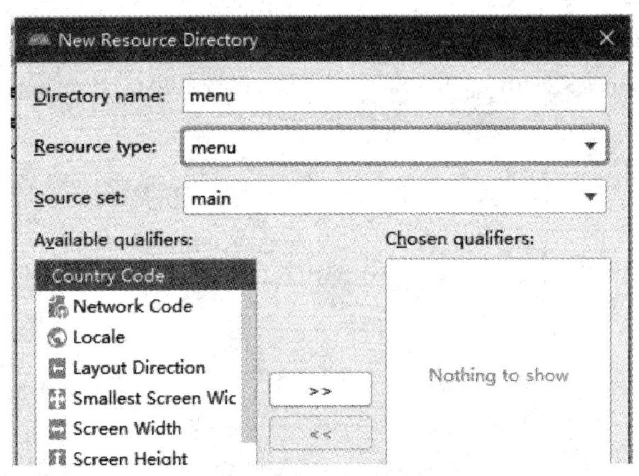

图 2-4-3　添加 menu 目录

步骤 3：在 menu 文件夹上单击右键，新建一个菜单资源文件 main.xml，如图 2-4-4 所示。

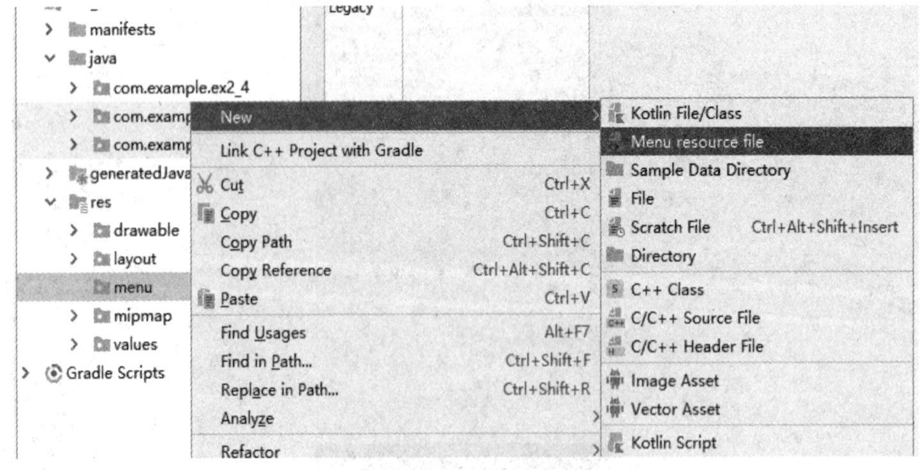

图 2-4-4　添加菜单资源文件

步骤 4：修改/res/menu/main.xml 文件。清单如下：

```
<?xml version="1.0" encoding="utf-8"?>
<menu xmlns:android="http://schemas.android.com/apk/res/android">
    <item
        android:id="@+id/menu_start"
        android:title="开始游戏" />
    <item
        android:id="@+id/menu_over"
        android:title="结束游戏" />
</menu>
```

步骤 5：修改 MainActivity.java 文件。清单如下：

```
public class MainActivity extends AppCompatActivity {

    @Override
    protected void onCreate(Bundle savedInstanceState) {
        super.onCreate(savedInstanceState);
        setContentView(R.layout.activity_main);
    }

    @Override
    public boolean onCreateOptionsMenu(Menu menu) {
        getMenuInflater().inflate(R.menu.main, menu);
        return true;
    }

    @Override
    public boolean onOptionsItemSelected(MenuItem item) {
        switch (item.getItemId()) {
            case R.id.menu_start:
                Toast.makeText(this, item.getTitle() + "被选择", Toast.LENGTH_SHORT).show();
                break;
            case R.id.menu_over:
                Toast.makeText(this, item.getTitle() + "被选择", Toast.LENGTH_SHORT).show();
                break;
        }
        return super.onOptionsItemSelected(item);
    }
}
```

步骤 6：运行 App，点击右上角菜单按钮并观察效果。

◆ 案例分析

1. main.xml 菜单资源文件分析

行 3～5：添加一个菜单项 item。行 4 表示该项的 id，行 5 表示该项的文字标题。Item 有 android:icon 属性，但 4.0 以上版本无效。

2. MainActivity.java 分析

行 10～13：创建选项菜单。重写 onCreateOptionsMenu 方法，使用 getMenuInflater().inflate(R.menu.main,menu)将 main.xml 文件中定义的菜单项添加到 menu 对象中，menu 对象即当前 Activity 的选项菜单。

行 16～27：为各个子菜单项设置功能。onOptionsItemSelected(MenuItem item)参数表示当前选择的菜单项。行 17～18 通过 switch…case 来确定是哪一个菜单项。

◆ 相关知识

1. ActionBar

Action Bar 是一项导航栏功能，在 Android 3.0 之后加入到系统的 API 当中，它能识别用户当前操作界面的位置，并提供额外的用户动作、界面导航等功能。ActionBar 可以自动适应各种大小不同的屏幕。

如图 2-4-5 所示，1 是 ActionBar 的图标；2 是两个 action 按钮，这里放重要的按钮功能，为用户进行某项操作提供直接访问途径；3 是 overflow 按钮，放不下的按钮会被置于“更多...”菜单项中，该项是以下拉形式实现的。

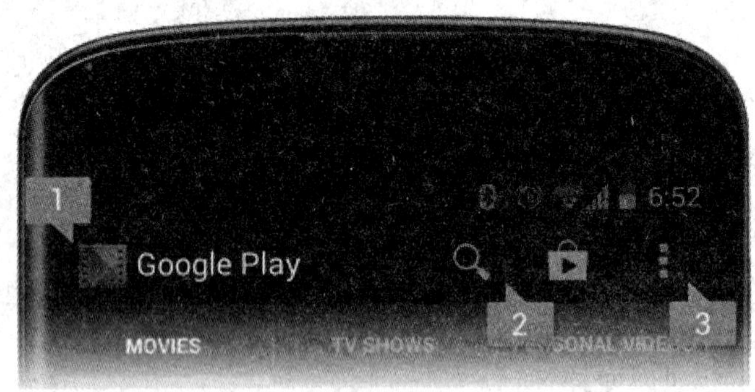

图 2-4-5　ActionBar 导航栏

2. 选项菜单

Android 的菜单可以分为三种：OptionMenu(选项菜单)、ContextMenu(上下文菜单)、Popup Menu(弹出菜单)。

Android 提供了标准的 XML 格式的资源文件来定义菜单项，并且对所有菜单类型都支持，推荐使用 XML 资源文件来定义菜单，之后再把它 Inflater 到 Activity 中，而不是在 Activity 中使用代码声明。

菜单的 XML 资源文件，创建在/res/menu/目录下，包含以下几个元素：

(1) <menu>：定义一个 Menu，是一个菜单资源文件的根节点，里面可以包含一个或者多个<item>和<group>元素。

(2) <item>：创建一个 MenuItem，代表了菜单中一个选项。

(3) <group>：对菜单项进行分组，可以以组的形式操作菜单项。

其中，<item>元素除了常规的 id、icon、title 属性的支持，还有一个 android:showAsAction 属性，这个属性描述菜单项以何种方式加入到 ActionBar 中。

android:showAsAction 的值有：

always：无论 ActionBar 空间是否溢出，总会显示。

ifRoom：如果有空间就显示，依据屏幕的宽窄而定。

never: 永远不会显示。只会在溢出列表中显示，而且只显示标题。

<group>是对菜单进行分组，分组后的菜单显示效果并没有区别，唯一的区别在于可以针对菜单组进行操作，这样对于分类的菜单项，操作起来更方便，提供如下的操作：

Menu.setGroupCheckable()：菜单组内的菜单是否都可选。

Menu.setGroupVisible()：是否隐藏菜单组的所有菜单。

Menu.setGroupEnabled()：菜单组的菜单是否有用。

当创建好一个 XML 菜单资源文件之后，可以使用 MenuInflater.inflate()方法填充菜单资源，使 XML 资源变成一个可编程的 Menu 对象。

创建选项菜单的步骤如下：

(1) 重写 Activity 的 onCreateOptionMenu(Menu menu)方法，当菜单第一次被加载时调用。

(2) 调用 Menu 的 add( )方法添加菜单项(MenuItem) 或者通过加载菜单资源文件实现。

(3) 重写 Activity 的 OptionsItemSelected(MenuItem item)来响应菜单项(MenuItem)的点击事件。

如果需要添加子菜单，可以在 item 节点添加 menu 节点。

演示创建选项菜单的具体步骤如下所述。

步骤 1：新建 Module，命名为 Ex2_4_2，在项目文档结构窗口中，右键单击 res 文件夹，在弹出的右键菜单中选择 New|Directory，创建一个文件夹命名为 menu。在 menu 文件夹下创建一个 submenu.xml 文件。清单如下：

```
<?xml version="1.0" encoding="utf-8"?>
<menu xmlns:android="http://schemas.android.com/apk/res/android">
    <item
        android:id="@+id/menu_start"
        android:title="开始游戏" />
    <item
        android:id="@+id/menu_setting"
        android:title="相关设置">
        <menu>
            <item
```

```
                    android:id="@+id/setting_music"
                    android:title="音乐设置" />
                <item
                    android:id="@+id/setting_view"
                    android:title="图像设置" />
            </menu>
        </item>

        <item
            android:id="@+id/menu_over"
            android:title="结束游戏" />
</menu>
```

步骤 2：修改 MainActivity.java 文件。清单如下：

```
package com.example.ex2_4_2;

import androidx.appcompat.app.AppCompatActivity;
import android.os.Bundle;
import android.view.Menu;
import android.view.MenuItem;
import android.widget.Toast;

public class MainActivity extends AppCompatActivity {

    @Override
    protected void onCreate(Bundle savedInstanceState) {
        super.onCreate(savedInstanceState);
        setContentView(R.layout.activity_main);
    }

    @Override
    public boolean onCreateOptionsMenu(Menu menu) {
        getMenuInflater().inflate(R.menu.submenu, menu);
        return true;
    }

    @Override
    public boolean onOptionsItemSelected(MenuItem item) {
        switch (item.getItemId()) {
            case R.id.menu_over:
                Toast.makeText(this, item.getTitle() +
```

```
28                         "被单击", Toast.LENGTH_SHORT).show();
29                 break;
30             case R.id.menu_setting:
31                 Toast.makeText(this, item.getTitle() +
32                         "被单击", Toast.LENGTH_SHORT).show();
33                 break;
34             case R.id.setting_music:
35                 Toast.makeText(this, item.getTitle() +
36                         "被单击", Toast.LENGTH_SHORT).show();
37                 break;
38             case R.id.setting_view:
39                 Toast.makeText(this, item.getTitle() +
40                         "被单击", Toast.LENGTH_SHORT).show();
41                 break;
42             default:
43                 Toast.makeText(this, item.getTitle() +
44                         "被单击", Toast.LENGTH_SHORT).show();
45                 break;
46         }
47         return super.onOptionsItemSelected(item);
48     }
49 }
```

注意：行 3 中，import androidx.appcompat.app.AppCompatActivity 在低版本 Android Studio 中可能为 import android.support.v7.app.AppCompatActivity。

如果通过代码添加 Menu 选项，可以修改 Ex2_4_2 中 MainActivity.java 的 onCreateOptionsMenu 方法。清单如下：

```
@Override
public boolean onCreateOptionsMenu(Menu menu) {
    menu.add(0,1,0,"开始游戏");
    menu.add(0,3,0,"结束游戏");
    SubMenu subMenu=menu.addSubMenu("相关设置");
    subMenu.add(0,4,0,"声音设置");
    subMenu.add(0,5,0,"图像设置");
    return true;
}
```

上面代码中的 add 方法说明如下：

```
add (int groupId, int itemId, int order, CharSequence title)
```

参数说明如下：

(1) groupId 参数，代表的是组概念，可以将几个菜单项归为一组，以便更好的以组的

方式管理菜单按钮。

(2) itemId 参数，代表的是菜单项的编号，这个参数非常重要，一个 itemId 对应一个 menu 中的选项，在后面使用菜单的时候，就靠这个 item Id 来判断用户使用的是哪个选项。

(3) order 参数，代表的是菜单项的显示顺序。默认是 0，表示菜单的显示顺序就是按照 add 的顺序来显示。

(4) title 参数，表示选项中显示的文字。

3. 上下文菜单

Context Menu 顾名思义就是与 context(上下文环境)相关的菜单。操作时长按某个对象就会弹出。

创建上下文菜单的步骤如下：

(1) 重写 Activity 的 onCreateContextMenu(Menu menu)方法，调用 Menu 的 add()方法添加菜单项(MenuItem)。

(2) 重写 Activity 的 onContextItemSelected(MenuItem iitem)来响应事件。

(3) 调用 registerForContextMenu()方法来为视图注册上下文菜单。

长按 TextView 弹出上下文菜单。创建步骤以及清单如下所述。

步骤 1：创建 Module，命名为 Ex2_4_3，在/res 下创建 menu 文件夹，在 menu 中添加 main.xml 文件，修改该文件。清单如下：

```
<?xml version="1.0" encoding="utf-8"?>
<menu xmlns:android="http://schemas.android.com/apk/res/android">
    <item
        android:id="@+id/menu_copy"
        android:title="复制" />
    <item
        android:id="@+id/menu_paste"
        android:title="粘贴" />
</menu>
```

步骤 2：在/res/menu 下继续添加一个 tip.xml 文件。清单如下：

```
<?xml version="1.0" encoding="utf-8"?>
<menu xmlns:android="http://schemas.android.com/apk/res/android">
    <item
        android:id="@+id/menu_tip"
        android:title="提示信息" />
</menu>
```

步骤 3：修改布局文件 activity_main.xml。清单如下：

```
<?xml version="1.0" encoding="utf-8"?>
<LinearLayout xmlns:android="http://schemas.android.com/apk/res/android"
    xmlns:app="http://schemas.android.com/apk/res-auto"
    xmlns:tools="http://schemas.android.com/tools"
```

```
        android:layout_width="match_parent"
        android:layout_height="match_parent"
        android:orientation="vertical"
        tools:context=".MainActivity">

        <TextView
            android:id="@+id/tvContent"
            android:layout_width="match_parent"
            android:layout_height="wrap_content"
            android:text="Hello World!" />

        <TextView
            android:id="@+id/tvTip"
            android:layout_width="match_parent"
            android:layout_height="wrap_content"
            android:textColor="@android:color/holo_red_light"
            android:text="请在上面的内容上长按，在弹出的菜单中选择你需要的功能" />
    </LinearLayout>

```

步骤 4：修改 MainActivity.java 文件。清单如下：

```
package com.example.ex2_4_3;

import androidx.appcompat.app.AppCompatActivity;
import android.os.Bundle;
import android.view.ContextMenu;
import android.view.MenuItem;
import android.view.View;
import android.widget.TextView;
import android.widget.Toast;

import org.w3c.dom.Text;

public class MainActivity extends AppCompatActivity {
    TextView tvContent,tvTip;
    @Override
    protected void onCreate(Bundle savedInstanceState) {
        super.onCreate(savedInstanceState);
        setContentView(R.layout.activity_main);
        tvContent=(TextView)findViewById(R.id.tvContent);
        tvTip=(TextView)findViewById(R.id.tvTip);
```

```
        //为两个控件注册上下文菜单
        registerForContextMenu(tvContent);
        registerForContextMenu(tvTip);
    }

    @Override
    public void onCreateContextMenu(ContextMenu menu, View v, ContextMenu.ContextMenuInfo
menuInfo) {
        super.onCreateContextMenu(menu, v, menuInfo);
        //通过 id 来区别不同的控件。
        if(v.getId()==R.id.tvContent){
            getMenuInflater().inflate(R.menu.main,menu);
        }
        if(v.getId()==R.id.tvTip){
            getMenuInflater().inflate(R.menu.tip,menu);
        }
    }

    @Override
    public boolean onContextItemSelected(MenuItem item) {
        Toast.makeText(this,item.getTitle(),Toast.LENGTH_SHORT).show();
        return super.onContextItemSelected(item);
    }
}
```

4. 弹出菜单

PopupMenu(弹出菜单)一般出现在被绑定 View 的下方(如果下方有空间)，用于提供快速简捷的操作。

创建弹出菜单的步骤如下：

(1) 通过 PopupMenu 的构造函数实例化一个 PopupMenu 对象，需要传递一个当前上下文对象以及绑定的 View。

(2) 调用 PopupMenu.setOnMenuItemClickListener()设置一个 PopupMenu 选项的选中事件。

(3) 使用 MenuInflater.inflate()方法加载一个 XML 文件到 PopupMenu.getMenu()中。

(4) 调用 PopupMenu.show()方法显示。

显示弹出菜单的步骤与清单如下所述。

步骤 1：layout 布局文件只有一个 TextView，将其 id 设置为 tvContent。清单略。

步骤 2：在/res 下添加 menu 文件夹，在/res/menu/下添加 menu.xml 文件。清单如下：

```
<?xml version="1.0" encoding="utf-8"?>
<menu xmlns:android="http://schemas.android.com/apk/res/android">
```

```
    <item
        android:id="@+id/menu_copy"
        android:title="复制"></item>
    <item
        android:id="@+id/menu_paste"
        android:title="粘贴"></item>
</menu>
```

步骤 3：修改 MainActivity.java 内容。清单如下：

```
package com.example.ex2_4_3;

import androidx.appcompat.app.AppCompatActivity;
import android.os.Bundle;
import android.view.MenuInflater;
import android.view.MenuItem;
import android.view.View;
import android.widget.PopupMenu;
import android.widget.TextView;
import android.widget.Toast;

public class MainActivity extends AppCompatActivity implements
View.OnClickListener,PopupMenu.OnMenuItemClickListener {

    @Override
    protected void onCreate(Bundle savedInstanceState) {
        super.onCreate(savedInstanceState);
        setContentView(R.layout.activity_main);
        TextView tvContent=(TextView)findViewById(R.id.tvContent);
        tvContent.setOnClickListener(this);
    }

    @Override
    public void onClick(View v) {
        //创建一个弹出式菜单对象
        PopupMenu popup = new PopupMenu(this,v);
        //填充菜单
        MenuInflater inflater=popup.getMenuInflater();
        inflater.inflate(R.menu.main,popup.getMenu());
        //为弹出菜单设置菜单项单击监听器。
        popup.setOnMenuItemClickListener(this);
```

```
            popup.show();
        }

    @Override
    public boolean onMenuItemClick(MenuItem item) {
            switch (item.getItemId()){
                case R.id.menu_copy:
                    Toast.makeText(this,"复制中...",Toast.LENGTH_SHORT).show();
                    break;
                case R.id.menu_paste:
                    Toast.makeText(this,"粘贴中...",Toast.LENGTH_SHORT).show();
                    break;
            }
            return false;
        }
}
```

2.5　综 合 案 例

◆ 任务目标

设计一个班车系统的登录界面，效果如图 2-5-1 所示。

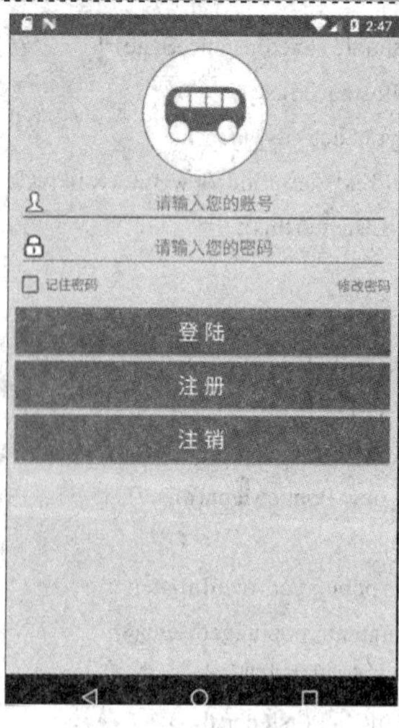

图 2-5-1　登录界面

◆ 实施步骤

步骤 1：新建一个 Module，命名为 Ex2_5_1。

步骤 2：打开 AndroidManifest.xml 文件，寻找 android:theme，将其值改为"@style/Theme.AppCompat.Light.NoActionBar"，即设置本应用的主题为无标题栏样式。

步骤 3：添加图片资源。将 bus.png、header24.png、lock24.png 复制到/res/drawable 目录下。

步骤 4：修改 activity_main.xml 文件。清单如下：

```
<?xml version="1.0" encoding="utf-8"?>
<LinearLayout xmlns:android="http://schemas.android.com/apk/res/android"
    xmlns:app="http://schemas.android.com/apk/res-auto"
    xmlns:tools="http://schemas.android.com/tools"
    android:layout_width="match_parent"
    android:layout_height="match_parent"
    android:paddingLeft="20px"
    android:paddingRight="20px"
    android:orientation="vertical"
    android:background="#DFEBEB"
    tools:context=".MainActivity">

    <ImageView
        android:id="@+id/imageView"
        android:layout_width="150dp"
        android:layout_height="150dp"
        android:layout_gravity="center_horizontal"
        app:srcCompat="@drawable/bus" />
 <!--drawableLeft 属性是设置一个左侧的图标，该图标在 Android5.0 上需要预先处理好大小，
 本案例中 width=24px,height=24px
 -->
    <EditText
        android:id="@+id/editText"
        android:layout_width="match_parent"
        android:layout_height="wrap_content"
        android:drawableLeft="@drawable/header24"
        android:layout_marginLeft="10px"
        android:layout_marginRight="10px"
        android:textAlignment="center"
        android:hint="请输入您的账号"
        android:ems="10"
```

```
            android:inputType="textPersonName"
             />

        <EditText
            android:id="@+id/editText2"
            android:layout_width="match_parent"
            android:layout_height="wrap_content"
            android:drawableLeft="@drawable/lock24"
            android:ems="10"
            android:layout_marginLeft="10px"
            android:layout_marginRight="10px"
            android:hint="请输入您的密码"
            android:inputType="textPassword"
            android:textAlignment="center" />

        <LinearLayout
            android:layout_width="match_parent"
            android:layout_height="wrap_content"
            android:orientation="horizontal">

            <CheckBox
                android:id="@+id/checkBox2"
                android:layout_width="wrap_content"
                android:layout_height="wrap_content"
                android:textColor="#23AD71"
                android:layout_weight="1"
                android:text="记住密码" />

            <TextView
                android:id="@+id/textView"
                android:layout_width="wrap_content"
                android:layout_height="wrap_content"
                android:textColor="#23AD71"
                android:layout_gravity="center"
                android:text="修改密码" />

        </LinearLayout>

        <Button
```

```
71              android:id="@+id/button"
72              android:layout_width="match_parent"
73              android:layout_height="wrap_content"
74              android:background="#23AD71"
75              android:textColor="#ffffff"
76              android:textSize="22dp"
77              android:layout_marginTop="20px"
78              android:text="登 陆"
79               />
80
81          <Button
82              android:id="@+id/button2"
83              android:layout_width="match_parent"
84              android:layout_height="wrap_content"
85              android:background="#23AD71"
86              android:textColor="#ffffff"
87              android:textSize="22dp"
88              android:layout_marginTop="20px"
89              android:text="注 册" />
90
91          <Button
92              android:id="@+id/button3"
93              android:layout_width="match_parent"
94              android:layout_height="wrap_content"
95              android:background="#23AD71"
96              android:textColor="#ffffff"
97              android:textSize="22dp"
98              android:layout_marginTop="20px"
99              android:text="注 销" />
100
101     </LinearLayout>
102
```

◆ 案例分析

从效果图 2-5-1 来看，整体结构比较规范，没有错位布局，所以本例采用 Linearlayout 来处理。在设计时一定要注意多分辨率自适应问题，宽度以及字体大小不要使用 px。

行 26：drawableLeft 可以为 EditText 设置一个左侧的图标，该图标在 Android5.0 上需要预先处理好大小，本例中编者已经使用图像处理软件将图片处理成长和宽都为 24 px 了。

源码中提供了一种 Android 自动改变图片大小的方法，但是需要在 API24 及以上环境中使用。

2.6 实　训

编写班车系统注册程序，当程序提交后，将结果显示在对话框中。

1. 实训目的

(1) 熟悉利用布局技术开发手机应用程序。

(2) 掌握在 Android 中使用控件的方法。

(3) 练习对话框的使用。

2. 实训步骤

(1) 设计注册页面。

(2) 根据设计界面制作布局文件。

(3) 在 MainActivity 中编写代码实现功能。

本章小结

本章主要介绍了 Activity 的生命周期、UI 控件、基本布局、对话框、事件以及菜单相关内容，在介绍控件的同时也介绍了一些常用的属性和对应方法。另外本章还介绍了资源文件的使用方法，程序开发员在设计 UI 时一定要灵活使用。

本章习题

1. Activity 生命周期有哪些阶段？各阶段的工作是什么？
2. Android 中主要的布局方式有哪些？简述各自的特点和运用场景。
3. 简述监听事件的完整过程。
4. 简述创建对话框的主要步骤。
5. 如何添加一个选项菜单？

第 3 章　数 据 存 储

✧ 教学导航

教学目标	(1) 掌握使用 Intent 传递消息； (2) 掌握使用 ListView 展示数据； (3) 掌握使用 SharedPreferences 获取数据和存储数据； (4) 掌握使用 File 存储数据
单词	Intent、ListView、SharedPreferences、File

3.1　使用 Intent 传递消息

◆ 任务目标

设计一个界面，当单击“SUNBMIT”按钮时，将会跳转到另一界面，并在该界面上显示“Value:Input”。界面运行效果如图 3-1-1 所示，跳转到另一界面的运行效果如图 3-1-2 所示。

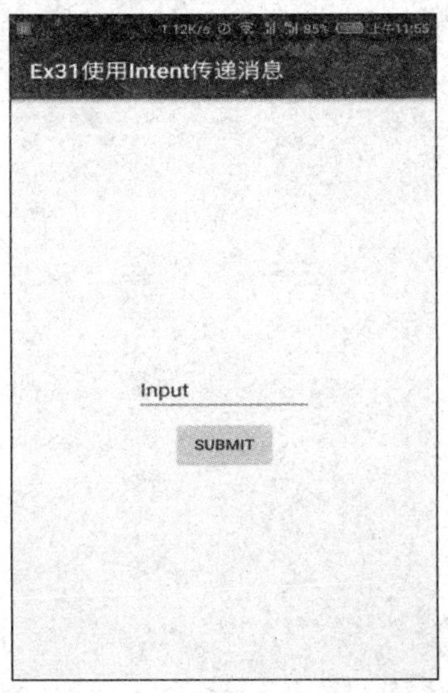

图 3-1-1　界面运行效果图

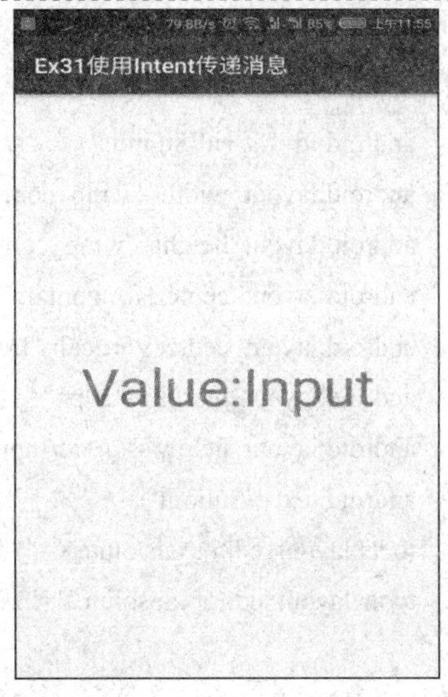

图 3-1-2　跳转到另一界面的运行效果图

◆ 实施步骤

步骤 1：点击菜单【File】，选择【new】|【new module】新建一个 Module，命名为 Ex3_1_1，其它为默认设置。

步骤 2：在项目文件结构窗口进入 res|layout 目录，修改 activity_main.xml 布局文件。清单如下：

```
<?xml version="1.0" encoding="utf-8"?>
<RelativeLayout
    xmlns:android="http://schemas.android.com/apk/res/android"
    xmlns:app="http://schemas.android.com/apk/res-auto"
    xmlns:tools="http://schemas.android.com/tools"
    android:layout_width="match_parent"
    android:layout_height="match_parent"
    android:padding="20dp"
    tools:context=".MainActivity">

    <EditText
        android:id="@+id/Input"
        android:layout_width="150dp"
        android:layout_height="wrap_content"
        android:text="Input"
        android:singleLine="true"
        android:layout_centerHorizontal="true"
        android:layout_centerVertical="true"
        />

    <Button
        android:id="@+id/Submit"
        android:layout_width="wrap_content"
        android:layout_height="wrap_content"
        android:layout_centerHorizontal="true"
        android:layout_centerVertical="true"
        android:layout_margin="20px"
        android:layout_below="@+id/Input"
        android:text="Submit"
        tools:layout_editor_absoluteX="700dp"
        tools:layout_editor_absoluteY="198dp" />

</RelativeLayout>
```

步骤3：在项目文件结构窗口进入res|layout目录，右键单击layout，选择【New】|【XML】|【Layout XML File】，新建一个名称为activity_show.xml的文件。清单如下：

```
<?xml version="1.0" encoding="utf-8"?>
<RelativeLayout
  xmlns:android="http://schemas.android.com/apk/res/android"
  xmlns:app="http://schemas.android.com/apk/res-auto"
  xmlns:tools="http://schemas.android.com/tools"
  android:layout_width="match_parent"
  android:layout_height="match_parent"
  tools:context=".activey_show">

  <TextView
    android:id="@+id/Show_text"
    android:layout_width="wrap_content"
    android:layout_height="wrap_content"
    android:layout_centerHorizontal="true"
    android:textSize="50dp"
    android:layout_centerVertical="true"
    tools:layout_editor_absoluteX="170dp"
    tools:layout_editor_absoluteY="275dp" />

</RelativeLayout>
```

步骤4：修改MainActivity.java文件。清单如下：

```
package com.example.Ex3_1_1;
import androidx.appcompat.app.AppCompatActivity;
import android.content.Intent;
import android.os.Bundle;
import android.view.View;
import android.widget.Button;
import android.widget.EditText;
public class MainActivity extends AppCompatActivity {
  private EditText Et_input;
  private Button Bt_Submit;
  @Override
  protected void onCreate(Bundle savedInstanceState) {
    super.onCreate(savedInstanceState);
    setContentView(R.layout.activity_main);
    Et_input = (EditText)findViewById(R.id.Input);
```

```
        Bt_Submit = (Button)findViewById(R.id.Submit);
        Bt_Submit.setOnClickListener(new View.OnClickListener() {
            @Override
            public void onClick(View v) {
                TransmitData();
            }
        });
    }
    private void TransmitData() {
        Intent intent = new Intent(this,activey_show.class);
        Intent.putExtra("Transmit",Et_input.getText().toString().trim());
        startActivity(intent);
    }
}
```

步骤 5：在项目文件结构窗口进入 java|com.example.ex3_1_1 目录，右键单击 com.example.ex3_1_1，选择【New】|【Java Class】，打开【Create New Class】界面，【Name】设置为 activity_show，【Kind】选用默认设置【Class】，【Superclass】设置为 androidx.appcompat.app.AppCompatActivity，最后单击【OK】完成新的类的创建。activity_show.java 清单如下：

```
package com.example.ex3_1_1;
import androidx.appcompat.app.AppCompatActivity;
import android.content.Intent;
import android.os.Bundle;
import android.widget.TextView;
import org.w3c.dom.Text;
public class activey_show extends AppCompatActivity {
    private TextView Ts_show;
    @Override
    protected void onCreate(Bundle savedInstanceState) {
        super.onCreate(savedInstanceState);
        setContentView(R.layout.activity_show);
        Intent intent = getIntent();
        String str = intent.getStringExtra("Transmit");
        Ts_show = (TextView) findViewById(R.id.Show_text);
        Ts_show.setText("Value:" + str);
    }
}
```

◆ 案例分析

1. activity_main.xml 清单分析

行 2～33：设置整个界面布局是相对布局。

行 11～19：设置 EditText 控件及其相关属性，id 名为“Input”，text 属性显示的信息是“Input”，该控件用于输入用户名。

行 21～31：设置 Button 控件及其相关属性，id 名为“Submit”，text 属性显示的信息是“Submit”，当单击该控件时实现跳转至另一页面。

2. activity_show.xml 清单分析

行 2～20：设置整个界面布局是相对布局。

行 10～18：设置 TextView 控件及其相关属性，id 名为“Show_text”，该控件用于显示另一页面传递至本页面的 value 值。

3. MainActivity.java 清单分析

行 9～10：定义一个 EditText 类型的全局变量和一个 Button 类型的全局变量。

行 14：设置输出显示在名为“activity_main”的界面上。

行 15：通过 id 名找到名为“Input”的控件并将其赋给名称为“Et_input”的 EditText 控件。

行 16：通过 id 名找到名为“Submit”的控件并将其赋给名称为“Bt_Submit”的 Button 控件。

行 17～22：设置监听事件，当点击“Bt_Submit”按钮时调用 TransmitData 函数，实现数据传递。

行 24～28：定义 TransmitData 函数，该函数实现的功能是数据传递。

行 25：创建一个 Intent 对象，设置从当前界面跳转至名为“activity_show”的界面。

行 26：使用 Intent 的 putExtra 方法通过键值对的形式将值“Transmit”封装后进行数据传递。

行 27：启动跳转，跳转至名为“activity_show”的界面。

4. activty_show.java 清单分析

行 8：设置 1 个 TextView 的全局变量，该全局变量名称为“Ts_show”。

行 12：设置输出显示在名为“activity_show”的界面上。

行 13：获取 Intent 对象。

行 14：通过 getStringExtra 的方法取出 Intent 键值对里的“Transmit”赋值给名为“str”的字符串变量。

行 15：通过 id 名找到名为“Show_text”的控件并将其赋给名称为“Ts_show”的 TextView 控件。

行 16：设置 Ts_show 输出显示的文本信息格式是“Value：”和用 Intent 获取的名为“str”的字符串的值，即最终输出显示在 Ts_show 控件上的信息是“Value：Transmit”。

◆ 相关知识

在 Android 系统中，明确指出了目标组件名称的 Intent，称为显式 Intent；未明确指出目标组件名称的 Intent，则称为隐式 Intent。

显式 Intent(Explicit Intents) 指定了目标组件，一般调用 setComponent() 或者 setClass(Context，Class)方法设定 Intents 的 Component 属性，制订具体的组件类。这些 Intent 一般不包括其它任何信息，通常用于应用程序内部消息，如一个 Activity 启动从属的服务或启动另一个 Activity。

隐式 Intent(Implicit Intents)未明确指明目标组件，经常用于启动其它应用程序。

Intent 对象描述了需要执行的动作，其描述的基本内容由六部分构成：组件名称(Component Name)、动作(Action)、数据(Data)、类别(Category)、附加信息(Extra)和标记(Flag)。

1. 组件名称(Component Name)

组件名称是指 Intent 目标组件的名称，是一个 Component Name 对象，这种对象名称是目标组件完全限定类名和目标组件所在应用程序的包名的组合。

2. 动作(Action)

Action 是描述 Intent 所触发动作名字的字符串。对于 Broadcast Intent 来说，Action 指被广播出去的动作。从理论上来讲，Action 可以作为任何字符串，而与 Android 系统应用有关的 Action 字符串则以静态字符串常量的形式定义在 Intent 类中，类似于一个方法名决定了参数和返回值，Action 在很大程度上决定了接下来 Intent 如何构建，特别是数据和附加字段。一个 Intent 对象的动作通过 setAction()方法设置，通过 getAction()方法读取。

3. 数据(Data)

数据是描述待操作的数据 MIME 类型的 URI(Uri 对象)，它虽然也是指数据，但必须是 Uri 类型。例如，如果动作字段是 ACTION_EDIT，则数据字段将包含显示用于编辑的文档 URI；如果动作是 ACTION_VIEW，数据字段是一个 http：URI，则接收 Activity 将被调用去下载和显示 URI 指向的数据。

4. 类别(Category)

类别指定了将要执行 Action 的其它一些额外信息，通常使用 addCategory()方法添加一个种类到 Intent 对象中，使用 removeCategory()方法删除一个之前添加的种类，使用 getCategories()方法获取 Intent 对象中的所有种类。

5. 附加信息(Extra)

附加信息是其它所有附加信息的集合。使用 Extra 可以为组件提供扩展信息，当使用 Intent 连接不同的组件时，有时需要在 Intent 中附加额外的信息，以便将数据传递给目标 Activity。例如，ACTION_TIMEZONE_CHANGED 需要带有附加信息表示新的时区。

6. 标记(Flag)

Flag 指示 Android 系统如何启动一个 Activity 和启动之后如何处理，如活动属于哪个任务，是否属于最近的活动列表。通常使用 setFlags()方法和 addFlags()方法设置和添加 Flag。

3.2　使用 ListView 展示数据

◆ 任务目标

设计一个显示界面，将手机品牌数据显示在该界面上。ListView 显示界面运行效果如图 3-2-1 所示。

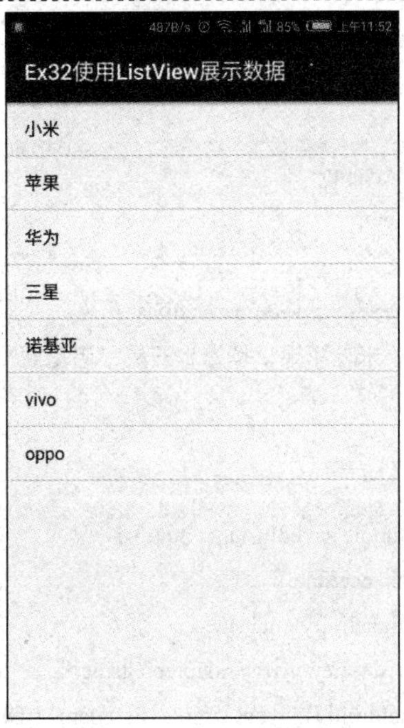

图 3-2-1　ListView 显示界面运行效果图

◆ 实施步骤

步骤 1：点击菜单【File】，选择【new】|【new module】新建一个 Module，命名为 Ex3_2_1，其它为默认设置。

步骤 2：在项目文件结构窗口进入 res|layout 目录，修改 activity_main.xml 布局文件。清单如下：

```
<?xml version="1.0" encoding="utf-8"?>
<LinearLayout xmlns:android="http://schemas.android.com/apk/res/android"
  xmlns:app="http://schemas.android.com/apk/res-auto"
  xmlns:tools="http://schemas.android.com/tools"
  android:layout_width="match_parent"
  android:layout_height="match_parent"
  tools:context=".MainActivity">
```

```
8
9        <ListView
10           android:id="@+id/List_view"
11           android:layout_width="match_parent"
12           android:layout_height="match_parent" />
13
14   </LinearLayout>
```

步骤 3：修改 MainActivity.java 文件。清单如下：

```
1    package com.example.ex3_2_1;
2    import androidx.appcompat.app.AppCompatActivity;
3    import android.os.Bundle;
4    import android.widget.ArrayAdapter;
5    import android.widget.ListView;
6
7    public class MainActivity extends AppCompatActivity {
8        private String[] Data = {"小米","苹果","华为","三星","诺基亚","vivo","oppo"};
9        private ListView lv_show;
10
11   @Override
12       protected void onCreate(Bundle savedInstanceState) {
13           super.onCreate(savedInstanceState);
14           setContentView(R.layout.activity_main);
15           ArrayAdapter<String> Ad = new ArrayAdapter<String>(
16                   MainActivity.this,android.R.layout.simple_list_item_1,Data);
17           lv_show = (ListView)findViewById(R.id.List_view);
18           lv_show.setAdapter(Ad);
19       }
20   }
```

◆ 案例分析

1. activity_main.xml 清单分析

行 2～14：设置整个界面布局是线性布局。

行 9～12：设置 ListView 控件及其相关属性，id 名为 List_view，该控件用于显示并输出手机品牌信息。

2. MainActivity.java 清单分析

行 8：设置全局字符串数组变量，该变量名为 Data，Data 数组赋值为小米、苹果、华为、三星、诺基亚、vivo、oppo。

行 9：设置全局变量 ListView，该变量名为 lv_show。

行 14：设置输出显示在 activity_main 界面上。

行 15～18：通过 id 名找到名为 List_view 的 ListView 控件，并将其赋给名为 lv_show 的 ListView 控件，通过 setAdapter 方法在名为 lv_show 的 ListView 控件上输出显示小米、苹果、华为、三星、诺基亚、vivo、oppo 这些手机品牌信息。

◆ 相关知识

列表视图(ListView)是一种视图控件，采用垂直方式显示视图中包含的条目信息，当条目多于屏幕最大显示数量时，会自动添加垂直滚动条。列表中的条目支持选中单击事件响应，该响应可以很方便地过渡到条目所指示的内容上，进行数据内容的显示和进一步处理。

使用列表视图只需要向布局文件中添加<ListView>标签即可。ListView 中常用的 XML 属性如表 3-2-1 所示。

表 3-2-1　ListView 中常用的 XML 属性

属　　性	说　　明
android:choiceMode	规定 ListView 所使用的选择模式，默认状态下列表没有选择模式，属性值必须设置为下列常量之一：none，值为 0，表示无选择模式；singleChoice，值为 1，表示最多可以有一项被选中；multipleChoice，值为 2，表示可以多项被选中
android:divider	规定列表项目之间用某个图形或颜色来分隔，可以用@[+] [package:] type:name 或者? [package:] [type:] name(主题属性)的形式来指向某个已有资源，也可以用#rgb、#argb 或#rrggbb 的格式来表示某个颜色
android:dividerHeight	设置分隔符的高度，若没有指明高度，则用此分隔符固有的高度，必须为带单位的浮点数，如 14.5 sp。可用的单位有 px(pixel，像素)、dp(density-independent pixels，与密度无关的像素)、sp(scaled pixels based on preferred font size，基于字体大小的固定比例的像素)、in(inches，英寸)、mm(millimeters，毫米)。 可以用@[package:] type:name 或者?[package:] [type:] name(主题属性)的格式来指向某个包含此类型值的资源
android:entries	引用一个将使用在此列表视图里的数组。若数组是固定的，则使用此属性比在程序中写入更为简单。必须以@ [+] [package:] type:name 或者?[package:] [type:] name 的形式指向某个资源
android:VfooterDividersEnabled	设置成 false 时，此列表视图将不会在页脚视图前画分隔符，此属性默认值为 true。属性值必须设置为 true 或 false。 可以用@ [package:] type:name 或者? [package:] [type:] name(主题属性)的格式来指向某个包含此类型值的资源
android:headerDividersEnabled	设置成 false 时，此列表视图将不会在页眉视图后画分隔符。此属性默认值为 true。属性值必须设置为 true 或 false。 可以用@ [package:] type:name 或者? [package:] [type:] name(主题属性)的格式来指向某个包含此类型值的资源

3.3　使用 SharedPreferences

◆ 任务目标

设计一个显示界面，当单击 SET VALUE 按钮时，能进行缓存，将最后一次写入的信息进行存储，再单击 GET VALUE 按钮时，可获得存储的值并显示在界面上。运行效果如图 3-3-1 所示。

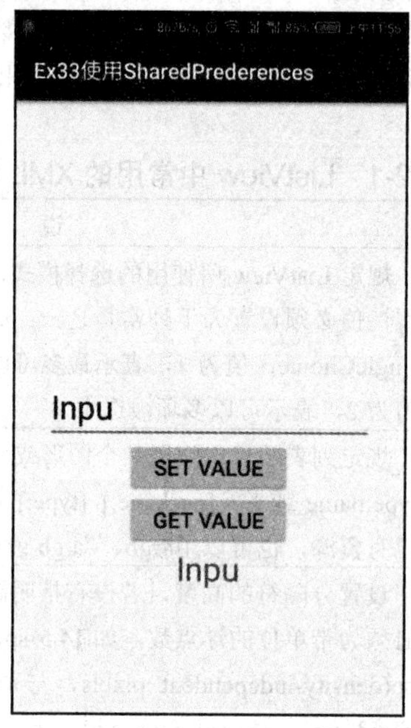

图 3-3-1　SharedPreferences 界面运行效果图

◆ 实施步骤

步骤 1：点击菜单【File】，选择【new】|【new module】新建一个 Module，命名为 Ex3_3_1，其它为默认设置。

步骤 2：在项目文件结构窗口进入 res|layout 目录，修改 activity_main.xml 布局文件。清单如下：

```
<?xml version="1.0" encoding="utf-8"?>
<RelativeLayout xmlns:android="http://schemas.android.com/apk/res/android"
  xmlns:app="http://schemas.android.com/apk/res-auto"
  xmlns:tools="http://schemas.android.com/tools"
  android:layout_width="match_parent"
  android:layout_height="match_parent"
```

```
    tools:context=".MainActivity">

    <EditText
        android:id="@+id/et_set_text"
        android:layout_width="300dp"
        android:layout_height="wrap_content"
        android:text="Input"
        android:textSize="30dp"
        android:layout_centerHorizontal="true"
        android:layout_centerVertical="true" />

    <Button
        android:id="@+id/bt_set_textview"
        android:layout_width="150dp"
        android:layout_height="wrap_content"
        android:layout_centerHorizontal="true"
        android:layout_centerVertical="true"
        android:text="Set Value"
        android:textSize="20dp"
        android:layout_below="@+id/et_set_text"
        />

    <Button
        android:id="@+id/bt_get_textview"
        android:layout_width="150dp"
        android:layout_height="wrap_content"
        android:layout_centerHorizontal="true"
        android:layout_centerVertical="true"
        android:text="Get Value"
        android:textSize="20dp"
        android:layout_below="@+id/bt_set_textview"
        />

    <TextView
        android:id="@+id/Tt_view"
        android:layout_width="300dp"
        android:gravity="center"
```

```
        android:layout_height="wrap_content"
        android:text="NULL"
        android:layout_centerHorizontal="true"
        android:layout_centerVertical="true"
        android:textSize="30dp"
        android:layout_below="@+id/bt_get_textview"
        app:layout_constraintBottom_toBottomOf="parent"
        app:layout_constraintLeft_toLeftOf="parent"
        app:layout_constraintRight_toRightOf="parent"
        app:layout_constraintTop_toTopOf="parent" />

</RelativeLayout>
```

步骤 3：修改 MainActivity.java 文件。清单如下：

```
package com.example.ex33SharedPrederences;
import androidx.appcompat.app.AppCompatActivity;
import android.content.Context;
import android.content.SharedPreferences;
import android.os.Bundle;
import android.view.View;
import android.widget.Button;
import android.widget.EditText;
import android.widget.TextView;
import java.util.HashSet;
import java.util.Set;

public class MainActivity extends AppCompatActivity {
    private final static String TEL = "TEL";
    private final static String NAME = "mSP";
    private SharedPreferences mSharePrederences;
    private SharedPreferences.Editor mEditor;
    private TextView Tt_view;
    private Button Bt_get_text;
    private Button Bt_set_text;
    private EditText Et_str;

    @Override
    protected void onCreate(Bundle savedInstanceState) {
```

```
        super.onCreate(savedInstanceState);
        setContentView(R.layout.activity_main);
        Et_str = (EditText)findViewById(R.id.et_set_text);
        Tt_view = (TextView)findViewById(R.id.Tt_view);
        Bt_set_text = (Button)findViewById(R.id.bt_set_textview);
        Bt_get_text = (Button)findViewById(R.id.bt_get_textview);
        mSharePrederences = getSharedPreferences(NAME,MODE_PRIVATE);
        mEditor =  mSharePrederences.edit();

        Bt_set_text.setOnClickListener(new View.OnClickListener(){
          @Override
          public void onClick(View v) {
            mEditor.putString(TEL,Et_str.getText().toString().trim());
            mEditor.commit();
          }
        });

        Bt_get_text.setOnClickListener(new View.OnClickListener() {
          @Override
          public void onClick(View v) {
            String str = mSharePrederences.getString(TEL,"NULL");
            Tt_view.setText(str);
          }
        });

    }

}
```

◆ 案例分析

1. activity_main.xml 清单分析

行 2～55：设置整个界面布局是相对布局。

行 9～16：设置 EditText 控件及其相关属性，id 名为 et_set_text，该控件上所显示的提示信息是 Input，该控件用于输入值。

行 18～27：设置 Button 控件及其相关属性，id 名为 bt_set_textview，该控件上所显示的提示信息是 Set Value。

行 29～38：设置 Button 控件及其相关属性，id 名为 bt_get_textview，该控件上所显示

的提示信息是 Get Value。

行 40～53：设置 TextView 控件及其相关属性，id 名为 Tt_view，该控件上所显示的提示信息是 NULL。

2. MainActivity.java 清单分析

行 14～21：定义各种不同类型的全局变量。

行 26：设置输出显示在名为 activity_main 的界面上。

行 27：通过 id 名找到名为 et_set_text 的控件并将其赋给名叫 Et_str 的 EditText 控件。

行 28：通过 id 名找到名为 Tt_view 的控件并将其赋给名叫 Tt_view 的文本视图控件。

行 29：通过 id 名找到名为 bt_set_textview 的控件并将其赋给名叫 Bt_set_text 的 Button 控件。

行 30：通过 id 名找到名为 bt_get_textview 的控件并将其赋给名叫 Bt_get_text 的 Button 控件。

行 31～32：通过 getSharedPreferences 获取 NAME 值并赋值给 mSharePrederences 变量，再调用 mSharePrederences 的 edit 属性将值赋给名为 mEditor 的变量。

行 34～40：在名为 Bt_set_text 的 Button 按钮上设置监听事件，若 Button 按钮被单击，则使用 putString 方法将需要传递的值放入名为 mEditor 的变量中，再调用 commit 方法对 mEditor 变量中存储的数据进行传值。

行 42～48：在名为 Bt_get_text 的 Button 按钮上设置监听事件，若 Button 按钮被单击，则使用 getString 方法将传入的值赋给名为 str 的字符串变量，再使用 setText 方法将 str 字符串变量存储的字符串输出显示在名为 Tt_view 的 TextView 控件上。

◆ 相关知识

SharedPreferences 是一种简单的、轻量级的用于保存应用程序基本数据的类，该类通过采用键值对(Name-Value Pair)的方式把简单数据(boolean、int、float、long 和 string 类型的数据)存储在应用程序的私有目录(data/data/包名/shared_prefs)下自定义的 XML 文件中，即数据存储为 XML 文件格式。使用 SharedPreferences 进行数据存储有一个很好的优点，就是它完全屏蔽了对文件系统的操作。

使用 SharedPreferences 进行数据存储时，首先需要获取一个 SharedPreferences 对象，再获取该对象的使用方法 getSharedPreferences()。此方法是 Context 类提供的公共方法。

getSharedPreferences()语法格式如下：

```
SharedPreferences   getSharedPreferences(Strinng name, int mode)
```

参数 name 定义 SharedPreferences 的名称，这个名称与在 Android 文件系统中保存的文件同名。只要具有相同的 SharedPreferences 名称的键值对内容，就会保存在同一个文件中。

参数 mode 定义访问模式。SharedPreferences 提供了三种基本访问模式，分别为 MODE_PRIVATE、MODE_WORLD_READABLE 和 MODE_WORLLD_WRITEABLE。

使用 SharedPreferences 读取已经保存好的数据，在 getSharedPreferences()获取到 Shared-Prefeferences 对象后，使用 SharedPreferences 类中定义的 getType()方法读取相应类型的键值对。SharedPreferences 类常用的方法如表 3-3-1 所示。

表 3-3-1　SharedPreferences 类常用的方法

方　法	说　明
contains(String key)	判断是否包含相应的键值
edit()	返回 SharedPreferences 的 Editor 接口
getAll()	返回所有配置信息 Map
getboolean(String key, boolean defValue)	获取一个 boolean 键值
getFloat(String key, float defValue)	获取一个 float 键值
getInt(String key, int defValue)	获取一个 int 键值
getLong(String key, long defValue)	获取一个 long 键值
getString(String key, String defValue)	获取一个 String 键值
registerOnSharedPreferenceChangeListener(SharedPreferences.OnSharedPreferenceChangeListener listener)	注册键值改变监听器
unregisterOnSharedPreferenceChangeListener(SharedPreferences.OnSharedPreferenceChangeListener listener)	注销键值改变监听器

3.4　使用文件存储数据

◆ 任务目标

设计一个界面，当单击 SUBMIT 按钮时，将以文件的形式存储数据，当点击 LOAD 按钮时则会显示文件中存储的数据。存储数据前的界面运行效果如图 3-4-1 所示，存储数据后的界面运行效果如图 3-4-2 所示。

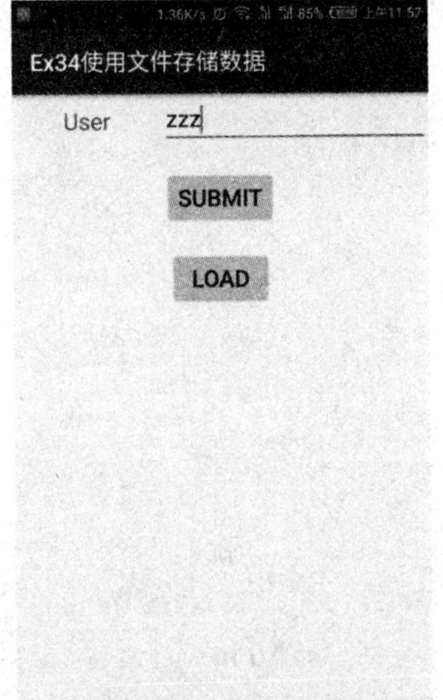

图 3-4-1　存储数据前的界面运行效果图

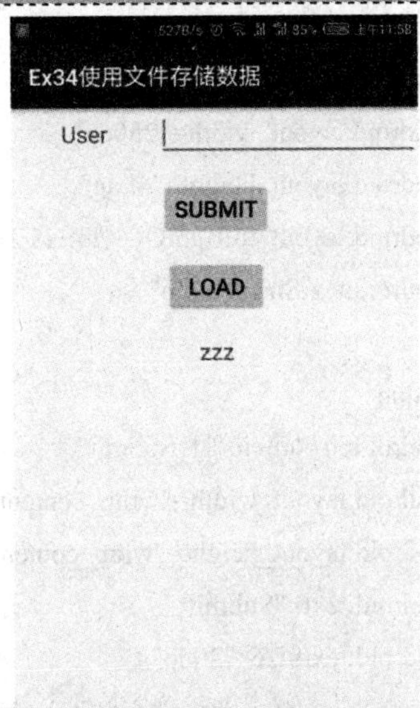

图 3-4-2　存储数据后的界面运行效果图

◆ 实施步骤

步骤 1：点击菜单【File】，选择【new】|【new module】新建一个 Module，命名为 Ex3_4_1，其它为默认设置。

步骤 2：在项目文件结构窗口进入 res|layout 目录，修改 activity_main.xml 布局文件。清单如下：

```
<?xml version="1.0" encoding="utf-8"?>
<RelativeLayout xmlns:android="http://schemas.android.com/apk/res/android"
  xmlns:app="http://schemas.android.com/apk/res-auto"
  xmlns:tools="http://schemas.android.com/tools"
  android:layout_width="match_parent"
  android:layout_height="match_parent"
  tools:context=".MainActivity">

  <TextView
    android:id="@+id/Tt_login"
    android:text="@string/login_user"
    android:textSize="20dp"
    android:gravity="center"
    android:layout_width="130dp"
    android:layout_height="45dp" />

  <EditText
    android:id="@+id/Et_login"
    android:layout_width="250dp"
    android:layout_height="45dp"
    android:layout_toRightOf= "@+id/Tt_login"
    android:textSize="20dp" />

  <Button
    android:id="@+id/Bt_Submit"
    android:layout_width="wrap_content"
    android:layout_height="wrap_content"
    android:text="Submit"
    android:textSize="20dp"
    android:layout_below="@id/Et_login"
    android:layout_centerHorizontal="true"
    android:layout_marginTop="20dp"/>
```

```
    <Button
        android:id="@+id/Bt_load"
        android:layout_width="wrap_content"
        android:layout_height="wrap_content"
        android:text="LOAD"
        android:textSize="20dp"
        android:layout_below="@id/Bt_Submit"
        android:layout_centerHorizontal="true"
        android:layout_marginTop="20dp"/>

    <TextView
        android:id="@+id/Tv_show"
        android:layout_width="match_parent"
        android:layout_height="wrap_content"
        android:layout_below="@id/Bt_load"
        android:layout_marginTop="20dp"
        android:textSize="20dp"
        android:gravity="center"/>

</RelativeLayout>
```

步骤 3：修改 MainActivity.java 文件。清单如下：

```
package com.example.ex34File;
import androidx.appcompat.app.AppCompatActivity;
import android.os.Bundle;
import android.view.View;
import android.widget.Button;
import android.widget.EditText;
import android.widget.TextView;
import java.io.BufferedReader;
import java.io.BufferedWriter;
import java.io.File;
import java.io.FileInputStream;
import java.io.FileNotFoundException;
import java.io.FileOutputStream;
import java.io.IOException;
import java.io.InputStreamReader;
import java.io.OutputStreamWriter;
```

```
import java.nio.Buffer;

public class MainActivity extends AppCompatActivity {
    private TextView text_show;
    private EditText username;
    private Button submit;
    private Button load_data;

    @Override
    protected void onCreate(Bundle savedInstanceState) {
        super.onCreate(savedInstanceState);
        setContentView(R.layout.activity_main);
        text_show = (TextView)findViewById(R.id.Tv_show);
        username = (EditText)findViewById(R.id.Et_login);
        submit = (Button)findViewById(R.id.Bt_Submit);
        load_data = (Button)findViewById(R.id.Bt_load);

        submit.setOnClickListener(new View.OnClickListener() {
            @Override
            public void onClick(View v) {
                String strName = username.getText().toString().trim();
                save_to_file(strName);
            }
        });

        load_data.setOnClickListener(new View.OnClickListener() {
            @Override
            public void onClick(View v) {
                loadData(text_show);
            }
        });
    }

    private void loadData(TextView text_show) {
        FileInputStream fileInputStream = null;
        BufferedReader bufferedReader = null;
        StringBuffer buffer = new StringBuffer();
        String str = "";
        try {
```

```
            fileInputStream = openFileInput("FileData.txt");
            bufferedReader = new BufferedReader(new InputStreamReader(fileInputStream));
            while((str=bufferedReader.readLine()) != null) {
                buffer.append(str);
            }
            text_show.setText(buffer.toString());
        } catch (FileNotFoundException e) {
            e.printStackTrace();
        } catch (IOException e) {
            e.printStackTrace();
        }finally {
            if(fileInputStream != null){
                try {
                    fileInputStream.close();
                } catch (IOException e) {
                    e.printStackTrace();
                }
            }
            if(bufferedReader != null){
                try {
                    bufferedReader.close();
                } catch (IOException e) {
                    e.printStackTrace();
                }
            }
        }
    }

    private void save_to_file(String username) {
        FileOutputStream fileOutputStream = null;
        BufferedWriter writer = null;
        try {
            fileOutputStream = openFileOutput("FileData.txt",MODE_PRIVATE);
            writer = new BufferedWriter(new OutputStreamWriter(fileOutputStream));
            writer.write(username);
        } catch (FileNotFoundException e) {
            e.printStackTrace();
        } catch (IOException e) {
            e.printStackTrace();
```

```
95          }finally {
96              if (writer != null){
97                  try {
98                      writer.close();
99                  } catch (IOException e) {
100                     e.printStackTrace();
101                 }
102             }
103             if (fileOutputStream != null){
104                 try {
105                     fileOutputStream.close();
106                 } catch (IOException e) {
107                     e.printStackTrace();
108                 }
109             }
110         }
111     }
112
113 }
```

◆ 案例分析

1. activity_main.xml 清单分析

行 2～53：设置整个界面布局是相对布局。

行 9～15：设置 TextView 控件及其相关属性，该控件的 id 名为 Tt_login。

行 17～22：设置 EditText 控件及其相关属性，该控件的 id 名为 Et_login。

行 24～32：设置 Button 控件及其相关属性，该控件的 id 名为 Bt_Submit，所显示的提示信息是 Submit。

行 34～42：设置 Button 控件及其相关属性，该控件的 id 名为 Bt_load，所显示的提示信息是“LOAD”。

行 44～51：设置 TextView 控件及其相关属性，该控件的 id 名为 Tv_show。

2. MainActivity.java 清单分析

行 20～23：定义各种不同类型的全局变量。

行 28：设置输出显示在名为 activity_main 的界面上。

行 29：通过 id 名找到名为 Tv_show 的 TextView 控件并将其赋给名为 text_show 的 TextView 控件。

行 30：通过 id 名找到名为 Et_login 的 EditText 控件并将其赋给名为 username 的 EditText 控件。

行 31：通过 id 名找到名为 Bt_Submit 的 Button 控件并将其赋给名为 submit 的 Button 控件。

行 32：通过 id 名找到名为 Bt_load 的 Button 控件并将其赋给名为 load_data 的 Button 控件。

行 34～40：在名为 submit 的 Button 控件上设置监听事件，当点击 submit 按钮时，将通过 getText 方法所获取的数据赋值给名为 strName 的字符串变量，再调用 save_to_file 函数进行文件数据的存储操作。

行 42～47：在名为 load_data 的 Button 控件上设置监听事件，当点击 load_data 按钮时，调用 loadData 函数进行文件中数据的加载并显示操作。

行 50～82：loadData 函数，该函数实现的功能是将文件中的数据加载并显示。

行 51：创建一个文件输入流，初始化该文件输入流为空。

行 52：创建一个缓冲读取流，初始化该缓冲读取流为空。

行 53：创建一个能存储 String 数据类型的缓冲区，该缓冲区的名称为 buffer。

行 54：设置名为 str 的字符串为空。

行 55～61：打开名为 FileData 的文本文件，通过文件流的方式读入缓冲区，若缓冲区中的每行数据信息不为空，则通过 append 追加的方法将每行数据信息加入名为 buffer 的字符串缓冲区中，再通过 setText 方法输出并显示在名为 text_show 的控件上。

行 62～81：进行各类情况的文件异常处理。

行 84～111：save_to_file 函数，该函数实现的功能是将输入的数据存储至文件中。

行 85：创建一个文件输出流，初始化该文件输出流为空。

行 86：创建名为 writer 的缓冲写入流，初始化该缓冲写入流为空。

行 87～90：打开名为 FileData 的文本文件，通过输出字符流的方式将名为 username 的变量存储的数据信息写入名为 writer 的缓冲写入流中。

行 91～110：进行各类情况的文件异常处理。

◆ 相关知识

Android 文件系统是基于 Linux 的文件系统，其文件存储和访问有三种方式：第一种，应用程序创建仅能够用于自身访问的私有文件，这类文件存放在应用程序自己的目录内，即/data/data/<package_name>/files 目录，这类存储称为内部存储。第二种，Android 系统提供了对 SD 卡等外部设备的访问方法，这类文件存储方式称为外部存储。第三种，Android 系统还可以访问保存在资源目录中的原始文件以及 XML 文件，此类文件一般保存在/res/raw 目录和/res/xml 目录下。

Andriod 系统进行内部文件存储主要用到两个基本方法：openFileOutput()方法和 openFileInput()方法。openFileOutput()方法的功能是为写入数据做准备而打开应用程序的私有文件，若需要打开的文件不存在，则创建这个私有文件。openFileInput()方法的功能是为读取数据做准备而打开应用程序私有文件。openFileOutput()方法和 openFileInput()方法的语法格式如下：

```
FileOutputStream openFileOutput(String name, int mode);
```

```
FileInputStream openFileInput(String name);
```

参数 name 是文件名，文件名中不能包含分隔符“/”，新建或者需要打开的文件存放在 /data/data/<package_name>/files 目录下。参数 mode 是文件操作模式，系统支持四种基本文件操作模式，分别为 MODE_PRIVATE、MODE_APPEND、MODE_WORLD_READABLE 和 MODE_WORLD_WRITEABLE。各个模式的意义分别如下：

(1) MODE_PRIVATE：表示私有模式或者缺陷模式。文件仅能够被文件创建程序或者具有相同 UID 的程序进行访问，其它应用程序无权访问。另外，在该模式下，写入的内容会覆盖原文件的内容。

(2) MODE_APPEND：表示追加模式。该模式下如果文件已经存在，则在文件的结尾处添加新数据，不会覆盖以前的数据。

(3) MODE_WORLD_READABLE：表示全局读模式。在该模式下，允许任何程序读取私有文件。

(4) MODE_WORLD_WRITEABLE：表示全局写模式。在该模式下，允许任何程序写入私有文件。

3.5 综 合 案 例

◆ 任务目标

设计一个注册界面，点击注册按钮，能进行数据的存储，并跳转到另一个界面进行存储数据的显示。注册界面运行效果如图 3-5-1 所示，注册界面输入状态如图 3-5-2 所示，注册数据显示如图 3-5-3 所示。

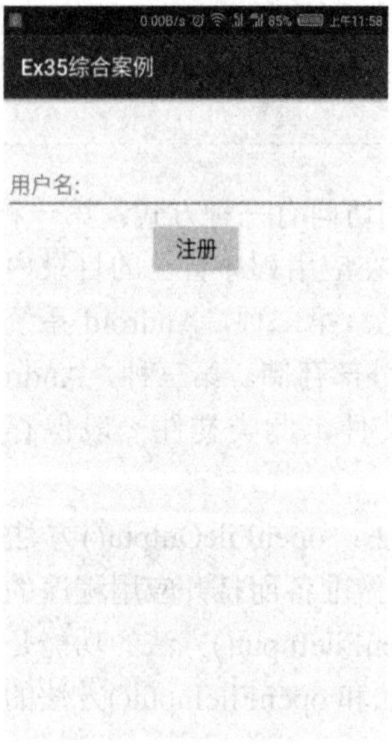

图 3-5-1　注册界面运行效果图 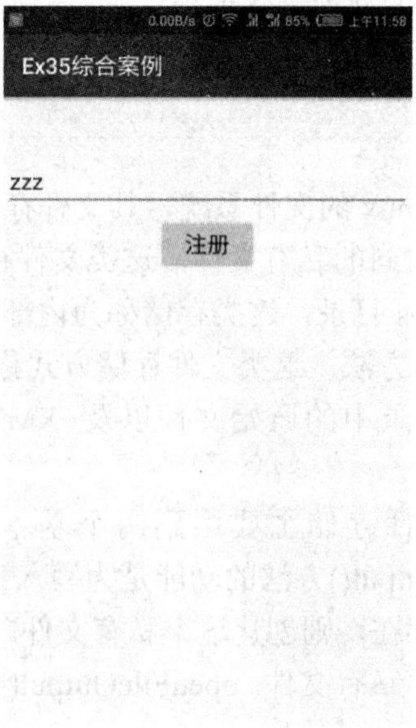　　图 3-5-2　注册界面输入状态图 　　图 3-5-3　注册数据显示图

◆ 实施步骤

步骤 1：点击菜单【File】，选择【new】|【new module】新建一个 Module，命名为 Ex3_5_1，其它为默认设置。

步骤 2：在项目文件结构窗口进入 res|layout 目录，修改 activity_main.xml 布局文件。清单如下：

```
<?xml version="1.0" encoding="utf-8"?>
<RelativeLayout xmlns:android="http://schemas.android.com/apk/res/android"
  xmlns:app="http://schemas.android.com/apk/res-auto"
  xmlns:tools="http://schemas.android.com/tools"
  android:layout_width="match_parent"
  android:layout_height="match_parent"
  tools:context=".MainActivity">

  <RelativeLayout
    android:layout_width="match_parent"
    android:layout_height="wrap_content"
    android:padding="5px"
    android:layout_marginTop="50dp">

    <EditText
      android:id="@+id/Et_User"
      android:layout_width="match_parent"
      android:layout_height="wrap_content"
      android:textSize="20dp"
      android:hint="用户名:"
      android:gravity="center_horizontal" />

    <Button
      android:id="@+id/Submit"
      android:layout_width="wrap_content"
      android:layout_height="wrap_content"
      android:text="注册"
      android:textSize="20dp"
      android:layout_below="@+id/Et_User"
      android:layout_marginTop="20px"
      android:layout_centerHorizontal="true" />
```

```

</RelativeLayout>

</RelativeLayout>
```

步骤 3：在项目文件结构窗口进入 res|layout 目录，右键单击 layout，选择【New】|【XML】|【Layout XML File】新建一个名称为 activey_show.xml 的文件。清单如下：

```
<?xml version="1.0" encoding="utf-8"?>
<RelativeLayout xmlns:android="http://schemas.android.com/apk/res/android"
  xmlns:app="http://schemas.android.com/apk/res-auto"
  xmlns:tools="http://schemas.android.com/tools"
  android:layout_width="match_parent"
  android:layout_height="match_parent" >

  <TextView
    android:id="@+id/Show_text"
    android:layout_width="wrap_content"
    android:layout_height="wrap_content"
    android:layout_centerHorizontal="true"
    android:textSize="50dp"
    android:layout_centerVertical="true"
    tools:layout_editor_absoluteX="170dp"
    tools:layout_editor_absoluteY="275dp" />

</RelativeLayout>
```

步骤 4：修改 MainActivity.java 文件。清单如下：

```
package com.example.ex35;

import androidx.appcompat.app.AppCompatActivity;
import android.content.Intent;
import android.os.Bundle;
import android.view.View;
import android.widget.Button;
import android.widget.EditText;
import java.io.BufferedReader;
import java.io.BufferedWriter;
import java.io.FileNotFoundException;
import java.io.FileOutputStream;
import java.io.IOException;
```

```
import java.io.OutputStreamWriter;
import java.io.Writer;

public class MainActivity extends AppCompatActivity {

    private EditText Et_Input;
    private Button Btn_submit;
    private final static String FILENAME = "user.txt";

    @Override
    protected void onCreate(Bundle savedInstanceState) {
        super.onCreate(savedInstanceState);
        setContentView(R.layout.activity_main);

        Et_Input = (EditText)findViewById(R.id.Et_User);
        Btn_submit = (Button)findViewById(R.id.Submit);

        Btn_submit.setOnClickListener(new View.OnClickListener() {
            @Override
            public void onClick(View v) {
                Save_file(Et_Input.getText().toString().trim());
            }
        });

    }

    private void Save_file(String trim) {
        FileOutputStream fileOutputStream = null;
        BufferedWriter bufferedWriter = null;
        if(trim.equals("")){
            Intent intent = new Intent(this,Activity_show.class);
            intent.putExtra("Transmit",FILENAME);
            startActivity(intent);
        }else {
            try {

                fileOutputStream = openFileOutput(FILENAME,MODE_PRIVATE);
                bufferedWriter = new BufferedWriter(new OutputStreamWriter(fileOutputStream));
                bufferedWriter.write(trim);
```

```
                Intent intent = new Intent(this,Activity_show.class);
                intent.putExtra("Transmit",FILENAME);
                startActivity(intent);
            } catch (FileNotFoundException e) {
                e.printStackTrace();
            } catch (IOException e) {
                e.printStackTrace();
            }finally {
                try {
                    bufferedWriter.close();
                } catch (IOException e) {
                    e.printStackTrace();
                }
                if (fileOutputStream != null){
                    try {
                        fileOutputStream.close();
                    } catch (IOException e) {
                        e.printStackTrace();
                    }
                }
            }
        }

    }
}
```

步骤 5：在项目文件结构窗口进入 java|com.example.ex3_5_1 目录，右键单击 com.example.ex3_5_1，选择【New】|【Java Class】，打开【Create New Class】界面，将【Name】设置为 Activey_show，【Kind】选用默认设置【Class】，【Superclass】设置为 androidx.appcompat.app.AppCompatActivity，最后单击【OK】完成新的类的创建。Activey_show.java 清单如下：

```
package com.example.ex3_5_1;

import androidx.appcompat.app.AppCompatActivity;

import android.content.Intent;
import android.os.Bundle;
import android.widget.EditText;
import android.widget.TextView;
```

```

import java.io.BufferedReader;
import java.io.FileInputStream;
import java.io.FileNotFoundException;
import java.io.FileOutputStream;
import java.io.IOException;
import java.io.InputStreamReader;

public class Activity_show extends AppCompatActivity {

    private TextView Et_show;

    @Override
    protected void onCreate(Bundle savedInstanceState) {
        super.onCreate(savedInstanceState);
        setContentView(R.layout.activity_show);
        Et_show = (TextView) findViewById(R.id.Show_text);

        Intent intent = getIntent();
        String Str_file_name = intent.getStringExtra("Transmit");
        loadData(Et_show,Str_file_name);

    }

    private void loadData(TextView et_show, String str_file_name) {
        FileInputStream fileInputStream = null;
        BufferedReader bufferedReader = null;
        StringBuffer stringBuffer = new StringBuffer();
        String str_text = "";

        try {
            fileInputStream = openFileInput(str_file_name);
            bufferedReader = new BufferedReader(new InputStreamReader(fileInputStream));
            while ((str_text = bufferedReader.readLine()) != null) {
                stringBuffer.append(str_text);
            }
            et_show.setText(stringBuffer.toString());
        } catch (FileNotFoundException e) {
            e.printStackTrace();
```

```
48            } catch (IOException e) {
49                e.printStackTrace();
50            }finally {
51                if (fileInputStream!=null) {
52                    try {
53                        fileInputStream.close();
54                    } catch (IOException e) {
55                        e.printStackTrace();
56                    }
57                }
58                if (bufferedReader!=null) {
59                    try {
60                        bufferedReader.close();
61                    } catch (IOException e) {
62                        e.printStackTrace();
63                    }
64                }
65            }
66        }
67    }
```

◆ 案例分析

1. activity_main.xml 清单分析

行 2～35：设置整个界面布局为相对布局。

行 9～33：在整个界面布局中嵌套一个相对布局。

行 15～21：设置 EditText 控件及其相关属性，id 名为 Et_User，显示的提示信息是用户名。

行 23～31：设置 Button 控件及其相关属性，id 名为 Submit，显示的提示信息是注册。

2. activity_show.xml 清单分析

行 2～18：设置整个界面布局是相对布局。

行 8～16：设置 TextView 控件及其相关属性，id 名为 Show_text。

3. MainActivity.java 清单分析

行 19～21：定义各种类型的全局变量。

行 26：设置输出显示在名为 activity_main 的界面上。

行 28：通过 id 名找到名为 Et_User 的控件并将其赋给名为 Et_Input 的 EditText 控件。

行 29：通过 id 名找到名为 Submit 的控件并将其赋给名为 Btn_submit 的 Button 控件。

行 31～36：在名为 Btn_submit 的 Button 按钮上设置监听事件，当 Button 按钮被单击时，调用名为 Save_file 的函数。

行 40～75：创建 Save_file 函数，该函数的功能是实现将数据信息保存在文件中。

行 41：创建一个文件输出流，初始化该文件输出流为空。

行 42：创建一个缓冲写入流，初始化该缓冲写入流为空。

行 43～47：如果需要写入缓冲区的字符串不为空，则调用 Intent 并存入键值对，再启动跳转至 Activity_show 所指向的页面。

行 47～57：如果需要写入缓冲区的字符串为空，则先使用文件输出流的方式将字符串存入缓冲区，再调用 Intent 并存入键值对，启动跳转至 Activity_show 所指向的页面。

行 57～74：进行各种情况的异常处理。

4. Activey_show.java 清单分析

行 19：定义名为 Et_show 的 TextView 控件的全局变量。

行 24：设置输出显示在 activity_show 界面上。

行 25：通过 id 名找到名为 Show_text 的控件并将其赋给名为 Et_show 的 TextView 控件。

行 27：获取 Intent 对象。

行 28：通过 getStringExtra 的方法取出 Intent 键值对里的 Transmit 的值并赋值给 Str_file_name 字符串变量。

行 29：调用 loadData 函数。

行 33～66：定义 loadData 函数实现文件中数据的加载并显示。

行 34～37：定义各种类型的全局变量。

行 40～45：通过输入流的方式打开 str_file_name 文件，通过从缓冲区读取文件中的文件流将信息读入缓冲区，在缓冲区中的每行数据信息不为空情况下通过 append 追加的方法将每行数据信息追加到 stringBuffer 中，再通过 setText 方法将缓冲区中的文件信息输出显示在名为 et_show 的控件上。

行 46～65：进行各类情况的文件异常处理。

3.6 实　　训

实训目的

本实训的主要目的是使学生掌握 Android 中数据的存储方式，了解 SQLite 数据库存储数据的机制，编写数据存储应用程序，当程序员提交数据后，将数据通过 SQLite 方式存储至数据库中。

实训步骤

(1) 设计登录界面和注册界面。

(2) 在注册界面实现注册，在登录界面实现注册后登录。

(3) 在 justloginregistertest 函数中实现所有与数据存储相关的功能。

本 章 小 结

本章主要介绍使用 Intent 控件传递消息，使用 ListView 控件展示数据(如手机品牌数据)，使用 SharedPreferences 以及文件存储数据。Intent 是通信机制，使用 Intent 可以实现数据的传递；ListView 是可供展示数据的控件。对丁数据的一系列操作，可以综合如上所述的数据传递 Intent 控制、数据展示 ListView 控件以及各类数据存储机制来实现。

本 章 习 题

1．请简述 SharedPreferences 的功能。

2．请简述 Intent。

3．请简述 ListView 的使用方式。

4．请简述 ListView 包含哪些常用的属性。

第 4 章　通知、服务与广播

✧ 教学导航

教学目标	(1) 掌握简单通知(Notification)的设置和发送方法； (2) 学会在通知(Notification)中启动 Activity 的方法； (3) 学会启动和停止 Service； (4) 练习使用 bindService； (5) 学会使用 IntentService； (6) 熟练使用广播 Broadcast
单词	Notification，Service，bindService，IntentService，Broadcast

4.1　通知(Notification)

4.1.1　简单通知

◆ 任务目标

在任务栏上方显示文字通知“你好，这是 Android 课程”。效果如图 4-1-1 和图 4-1-2 所示。

图 4-1-1　运行界面图

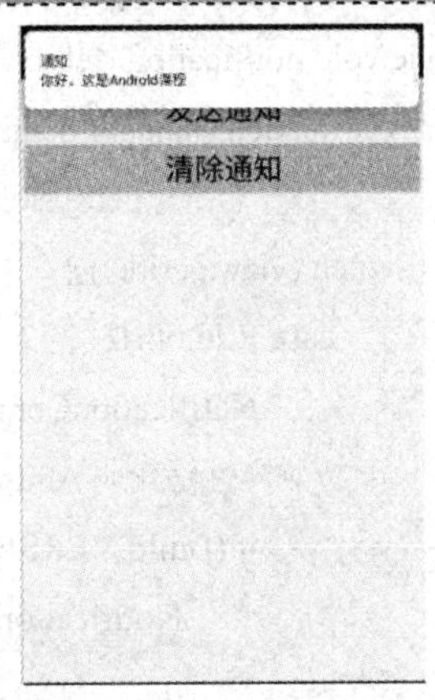

图 4-1-2　发送通知图

◆ 实施步骤

步骤 1：新建一个 Module，命名为 Ex4_1_1，其它采用默认设置。

步骤 2：修改 MainActivity.java。清单如下：

```
package com.example.ex4_1_1;

import androidx.appcompat.app.AppCompatActivity;
import androidx.core.app.NotificationCompat;
import android.app.Notification;
import android.app.NotificationChannel;
import android.app.NotificationManager;
import android.content.Context;
import android.graphics.BitmapFactory;
import android.os.Build;
import android.os.Bundle;
import android.view.View;

public class MainActivity extends AppCompatActivity {

    private static final int NOTIFICATION_ID = 1;
    @Override
    protected void onCreate(Bundle savedInstanceState) {
        super.onCreate(savedInstanceState);
        setContentView(R.layout.activity_main);
    }

    public void notificationMethod(View view) {
        NotificationManager manager = (NotificationManager)
                    getSystemService(Context.NOTIFICATION_SERVICE);
        switch (view.getId()) {
            case R.id.btn1:
                NotificationCompat.Builder builder ;
            //兼容性适配，Android 8.0 以上需要开通 Channel 才能发送通知。
                if (Build.VERSION.SDK_INT >= Build.VERSION_CODES.O){
                    NotificationChannel channel = new NotificationChannel
                            (String.valueOf(NOTIFICATION_ID), "channel_name",
```

```
                            NotificationManager.IMPORTANCE_HIGH);
                manager.createNotificationChannel(channel);
                builder = new NotificationCompat.Builder
                        (this,String.valueOf(NOTIFICATION_ID));
            }else{
                builder = new NotificationCompat.Builder(this);
            }

            builder.setContentTitle("通知")        //指定通知栏的标题内容
                    //通知的正文内容
                    .setContentText("你好，这是 Android 课程")
                    //通知创建的时间
                    .setWhen(System.currentTimeMillis())
                    //通知显示的小图标，只能设置使用 alpha 图层的图片
                    .setSmallIcon(R.drawable.ic_launcher_foreground)
                    ;
            Notification notification = builder.build() ;
            //NOTIFICATION_ID
            manager.notify(NOTIFICATION_ID,notification);
            break;

        case R.id.btn2:
            manager.cancel(NOTIFICATION_ID);
            break;

        default:
            break;
        }
    }
}
```

步骤 3：修改布局文件 activity_main.xml，设置两个按钮。清单如下：

```
<LinearLayout xmlns:android="http://schemas.android.com/apk/res/android"
    xmlns:tools="http://schemas.android.com/tools"
    android:layout_width="match_parent"
    android:layout_height="match_parent"
```

```
        android:orientation="vertical"
        tools:context=".MainActivity" >

        <Button
            android:id="@+id/btn1"
            android:layout_width="fill_parent"
            android:layout_height="wrap_content"
            android:onClick="notificationMethod"
            android:textSize="30sp"
            android:text="发送通知" />

        <Button
            android:id="@+id/btn2"
            android:layout_width="fill_parent"
            android:layout_height="wrap_content"
            android:onClick="notificationMethod"
            android:textSize="30sp"
            android:text="清除通知" />

</LinearLayout>
```

步骤 4：在手机上运行并观察效果。

◆ 案例分析

1. MainActivity.java 清单分析

MainActivity.java 是主 Activity，在 MainActivity.java 中，利用 switch 语句分别执行这两个按钮的作用，btn1 用于发送通知，btn2 用于清除发送的通知。

行 24～25：获取 NotificationManager 实例 manager。

行 28：获取 NotificationCompat.Builder 实例 builder。

行 29～40：进行兼容性适配。Android 8.0 以上需要开通 Channel 才能发送通知，使用 if 语句测试运行系统是否高于 Android 8.0 版本。

行 41～48：设置 NotificationCompat.Builder 实例 builder 的相关属性。此例仅仅设置了三个必要的属性：小图标，标题，内容。

行 49：用 builder.build() 方法生成 Notification 对象 notification。

行 51：用 manager.notify()方法发送 notification 的通知。

2. activity_main.xml 清单分析

activity_main.xml 是布局文件，设置了两个按钮：一个为“发送通知”，点击后发送通知；另一个是“清除通知”按钮，点击后清除刚刚发送的通知。这两个按钮按下时均执行方法 notificationMethod()，运行界面图如图 4-1-1 所示，点击“发送通知”按钮后发送通知，效果如图 4-1-2 所示。

◆ 相关知识

通知(Notification)是一种具有全局效果的通知，可以在系统的通知栏中显示。当 App 向系统发出通知时，它将先以图标的形式显示在通知栏中。用户可以下拉通知栏查看通知的详细信息。通知栏和抽屉式通知栏均由系统控制，用户可以随时查看。

通知的目的是告知用户 App 事件。在平时的使用中，通知主要有以下几个作用：

(1) 显示接收到短消息、及时消息等信息，如 QQ、微信、新浪、短信。

(2) 显示客户端的推送消息，如广告、优惠、版本更新、推荐新闻等。

(3) 显示正在进行的事物，如后台运行的程序、音乐播放进度、下载进度等。

在 Android 系统中，处理通知的类有两个，Notification 和 NotificationManager 。其中，Notification 用于具有全局效果的通知，而 NotificationManager 则是用于发送 Notification 通知的系统服务。

要发送一个通知，首先要设置通知管理器 NotificationManager，这是一个系统的 Service，调用 NotificationManager 的 notify()方法可以向系统发送通知。

创建一个简单的 Notification，主要有以下三步：

(1) 获取 NotificationManager 实例。

(2) 实例化 NotificationCompat.Builder 并设置相关属性。必要的属性有三个：小图标，通过 setSmallIcon() 方法设置；标题，通过 setContentTitle() 方法设置；内容，通过 setContentText() 方法设置。这三个属性必须设置，如果不设置则在运行时会抛出异常，其它属性为可选项，可以不设置。

(3) 通过 builder.build() 方法生成 Notification 对象，并发送通知。

下面介绍 Notification 的重要方法。

(1) setSmallIcon() 与 setLargeIcon()。

在 NotificationCompat.Builder 中有设置通知的图标大小的两个方法。当 setSmallIcon() 与 setLargeIcon()同时存在时, smallIcon 显示在 largeIcon 的右下角；当只设置 setSmallIcon() 时，smallIcon 显示在左侧。

(2) 设置提醒标志符 flags。

可以设置提醒标志符，向通知添加声音、闪灯和振动效果等达到提醒效果，也可以组合多个属性。

创建通知栏之后添加.flags 属性赋值。

```
Notification notification = mBuilder.build();
notification.flags |= Notification.FLAG_AUTO_CANCEL;
```

各标志符的作用如表 4-1-1 所示。

表 4-1-1　提醒标志符 Flags 的属性

属　性	功　能
Notification.FLAG_SHOW_LIGHTS	三色灯提醒
Notification.FLAG_ONGOING_EVENT	发起正在运行事件(活动中)
Notification.FLAG_INSISTENT	让声音、振动无限循环，直到用户响应 (取消或者打开)
Notification.FLAG_ONLY_ALERT_ONCE	发起 Notification 后，铃声和振动均只执行一次
Notification.FLAG_AUTO_CANCEL	用户单击通知后自动消失
Notification.FLAG_NO_CLEAR	只有全部清除时，Notification 才会清除
Notification.FLAG_FOREGROUND_SERVICE	表示正在运行的服务

(3) setDefaults(int defaults)。

向通知添加声音、闪灯和振动效果的最简单方法是使用默认(defaults)属性，可以组合使用多个属性。这是 NotificationCompat.Builder 中的方法，用于设置在通知到来时，通过什么方式进行提示，其可以设置的默认属性如表 4-1-2 所示。

表 4-1-2　默认属性值

属　性	功　能
Notification.DEFAULT_VIBRATE	添加默认震动提醒 需要 VIBRATE permission
Notification.DEFAULT_SOUND	添加默认声音提醒
Notification.DEFAULT_LIGHTS	添加默认三色灯提醒
Notification.DEFAULT_ALL	添加默认以上 3 种全部提醒

例如：

```
NotificationCompat.Builder builder = new NotificationCompat.Builder(this)
        .setSmallIcon(R.mipmap.ic_launcher)
        .setContentTitle("铃声+震动+呼吸灯效果的通知")
        .setContentText("通知")
    .setDefaults(Notification.DEFAULT_ALL);
```

(4) setVibrate(long[] pattern)。

setVibrate()方法设置振动的时间。如

```
.setVibrate(new long[] {0,300,500,700});
```

实现效果为延迟 0 ms，然后振动 300 ms，再延迟 500 ms，接着再振动 700 ms。

还有另外一种写法：

```
mBuilder.build().vibrate = new long[] {0,300,500,700};
```

如果希望设置默认振动方式，则在设置提醒标志符 flags 时默认为 DEFAULT_VIBRATE 即可。

展示有振动效果的通知,需要在 AndroidManifest.xml 中申请振动权限。

```
<uses-permission android:name="android.permission.VIBRATE" />
```

测试振动的时候，手机的模式一定要调成铃声+振动模式，否则感受不到振动。

(5) .setLights(intledARGB ,intledOnMS ,intledOffMS)。

设置不同场景下的不同颜色灯的方法。

android 支持三色灯提醒，不同场景下使用不同颜色的灯。三个参数中，ledARGB 表示灯光颜色、 ledOnMS 亮持续时间、ledOffMS 暗持续时间。

在使用这个方法时需要注意：

① 只有在设置了标志符 Flags 为 Notification.FLAG_SHOW_LIGHTS 的时候，才支持三色灯提醒。

② 颜色信息跟设备有关，不是所有的颜色都可以，需要有具体设备支持的颜色。

例如：

```
Notification notify = mBuilder.build();
notify .setLights(0xff00eeff, 500, 200)
```

这三个参数可以分别进行设置，以下语句也可以设置同样效果：

```
Notification notify = mBuilder.build();
notify.flags = Notification.FLAG_SHOW_LIGHTS;
notify.ledARGB = 0xff00eeff;
notify.ledOnMS = 500;
   notify.ledOffMS = 400;
```

如果希望使用默认的三色灯提醒，则设置提醒标志符 Flags 中默认为 DEFAULT_LIGHTS 即可。

(6) .setSound(Uri sound)。

设置默认或自定义铃声。该方法可以设置消息提醒为默认的铃声，也可以设置为自定义的铃声。系统自带的铃声效果的 Uri 位置为：Uri.withAppendedPath(Audio.Media.INTERNAL_CONTENT_URI, "2")，设置系统默认的铃声，可以直接使用

```
.setSound(Uri.withAppendedPath(MediaStore.Audio.Media.INTERNAL_CONTENT_URI,"2"))
```

若要调用自定义的声音，把声音文件命名为 sound.wav 放置于项目文件夹 /res/values/raw 目录下，然后使用下面的语句实现调用即可。

```
.setSound(Uri.parse("android.resource:// com.example.mynotification /" + R.raw.sound));
```

其中，com.example.mynotification 是项目的包名。

(7) setOngoing(boolean ongoing)。

设置为 ture，表示它为一个正在进行的通知。通常用来表示一个后台任务，用户正在参与(如播放音乐)或以某种方式正在等待，因此占用设备(如一个文件下载、同步操作、主动网络连接等)。

该方法设置为 true 后，通知栏会一直固定在手机中，使用该标记后通知栏无法被用户手动进行删除，只能通过代码进行删除，所以要慎用。

(8) setProgress(int max, int progress,boolean indeterminate)。

设置带进度条通知的方法，可以在下载中使用。进度条通知的属性与含义见表 4-1-3。

表 4-1-3 进度条通知的属性与含义

属 性	含 义
max	进度条最大数值
progress	当前进度
indeterminate	进度是否不确定
true	不确定
false	确定

注意：此方法在 4.0 及以后版本才有用，如果为早期版本，需要自定义通知布局，其中包含 ProgressBar 视图。

如果为确定的进度条，首先调用 setProgress(max, progress, false)来设置通知，更新进度时在此发起通知更新 progress，并且在下载完成后调用 setProgress(0, 0, false)移除进度条。

4.1.2 Notification 中启动 Activity

◆ 任务目标

设计一个 Notification，点击后启动另一个 Acticity。效果如图 4-1-3 所示。

图 4-1-3 点击通知后跳转 Activity

◆ 实施步骤

步骤 1：使用上一个项目 Ex4_1_1。

步骤 2：修改 java 文件 MainActivity.java。清单如下：

```
package com.example. ex4_1_1;

import androidx.appcompat.app.AppCompatActivity;
import androidx.core.app.NotificationCompat;
import android.app.Notification;
import android.app.NotificationChannel;
import android.app.NotificationManager;
import android.app.PendingIntent;
import android.content.Context;
import android.content.Intent;
import android.os.Build;
import android.os.Bundle;
import android.view.View;

public class MainActivity extends AppCompatActivity {

    private static final int NOTIFICATION_ID = 1;
    @Override
    protected void onCreate(Bundle savedInstanceState) {
        super.onCreate(savedInstanceState);
        setContentView(R.layout.activity_main);
    }

    public void notificationMethod(View view) {
        NotificationManager manager = (NotificationManager)
                                getSystemService(Context.NOTIFICATION_SERVICE);
        switch (view.getId()) {
            case R.id.btn1:
                Intent intent = new Intent( MainActivity.this,
                                            NewActivity.class);
                PendingIntent pendingIntent = PendingIntent.getActivity
                                            (MainActivity.this,0, intent , 0);

                NotificationCompat.Builder builder ;
              //兼容性适配，Android 8.0 以上需要开通 Channel 才能发送通知。
                if (Build.VERSION.SDK_INT >= Build.VERSION_CODES.O){
                    NotificationChannel channel = new NotificationChannel
                            (String.valueOf(NOTIFICATION_ID), "channel_name",
                            NotificationManager.IMPORTANCE_HIGH);
                    manager.createNotificationChannel(channel);
```

```
                    builder = new NotificationCompat.Builder
                            (this,String.valueOf(NOTIFICATION_ID));
                }else{
                    builder = new NotificationCompat.Builder(this);
                }

                builder.setContentTitle("通知")   //指定通知栏的标题内容
                        //通知的正文内容
                        .setContentText("你好，这是 Android 课程")
                        //通知创建的时间
                        .setWhen(System.currentTimeMillis())
                      //通知显示的小图标，只能用 alpha 图层的图片进行设置
                        .setSmallIcon(R.drawable.ic_launcher_foreground)
                        //点击启动 pendingIntent
                        .setContentIntent(pendingIntent)
                        ;
                Notification notification = builder.build() ;
                //NOTIFICATION_ID
                manager.notify(NOTIFICATION_ID,notification);
                break;

            case R.id.btn2:
                manager.cancel(NOTIFICATION_ID);
                break;

            default:
                break;
        }
    }

}
```

步骤 3：添加 NewActivity.java。清单如下：

```
package com.example.intentnotification;

import android.app.Activity;
import android.os.Bundle;

public class NewActivity extends Activity {
    protected void onCreate(Bundle savedInstanceState) {
```

```
            super.onCreate(savedInstanceState);
            setContentView(R.layout.new_activity);
        }
    }
```

步骤 4：修改布局文件 activity_main.xml。清单如下：

```
    <LinearLayout xmlns:android="http://schemas.android.com/apk/res/android"
        xmlns:tools="http://schemas.android.com/tools"
        android:layout_width="match_parent"
        android:layout_height="match_parent"
        android:orientation="vertical"
        tools:context=".MainActivity" >

        <Button
            android:id="@+id/btn1"
            android:layout_width="fill_parent"
            android:layout_height="wrap_content"
            android:onClick="notificationMethod"
            android:text="发送通知"
            />

        <Button
            android:id="@+id/btn2"
            android:layout_width="fill_parent"
            android:layout_height="wrap_content"
            android:onClick="notificationMethod"
            android:text="清除通知"
            />

    </LinearLayout>
```

步骤 5：添加一个布局文件 new_activity.xml。清单如下：

```
    <LinearLayout xmlns:android="http://schemas.android.com/apk/res/android"
        xmlns:tools="http://schemas.android.com/tools"
        android:layout_width="match_parent"
        android:layout_height="match_parent"
        android:orientation="vertical"
        tools:context=".NewActivity" >
       <TextView
           android:layout_width="wrap_content"
```

```
9           android:layout_height="wrap_content"
10          android:text="你好，欢迎你。"
11          android:textSize="30sp"
12          />
13      </LinearLayout>
```

步骤 6：注册 NewActivity，在 AndroidManifest.xml 中增加如下内容。

```
</activity><activity android:name=".NewActivity" ></activity>
```

步骤 7：在手机上运行并观察效果。

◆ 案例分析

1. MainActivity.java 清单分析

行 29～32：设置 PendingIntent，指定点击通知后启动 NewActivity。

行 55：设置 Notification 的.setContentIntent(pendingIntent1)方法，点击后调用 PendingIntent 。

2. NewActivity.java 清单分析

行 9：设置该 activity 启动后打开布局 new_activity.xml。

3. activity_main.xml 清单分析

行 9～22：设置了两个按钮，ID 分别为 btn1 和 btn2 ，用于发送通知和清除通知。

4. new_activity.xml 清单分析

行 7～11：设置一个 TextView，显示汉字“你好，欢迎你。”并设置字体大小。

5. AndroidManifest.xml 清单分析

因为要启动 NewActivity，所以需要注册该 Activity，需要在 AndroidManifest.xml 增加两行代码。

App 启动后界面与图 4-1-1 一致，点击“发送通知”按钮后发送 Notification，界面与图 4-1-2 一致，本项目增加了一个功能，点击通知会跳转到一个 Activity，跳转后界面如图 4-1-3 所示。

◆ 相关知识

要在通知中启动另一个 Activity，需要先使用 PendingIntent。

PendingIntent 是一种特殊的 Intent，主要的区别在于 Intent 的执行是立刻的，而 PendingIntent 的执行不是立刻的。PendingIntent 执行的操作实质上是参数传进来的 Intent 的操作，但是 PendingIntent 需要满足某些条件才能执行 Intent 的操作，如在 Notification 中点击通知后才进行 Intent 操作，启动 Activity，否则不会进行 Intent 操作。

PendingIntent 主要用于通知 Notificatio 的发送，短消息 SmsManager 的发送和警报器 AlarmManager 的执行等等。

PendingIntent 这个类用于处理即将发生的事情。比如在通知 Notification 中用于跳转页面，但不是马上跳转，而是满足某个条件(如点击)后才进行跳转。

Intent 是及时启动，Intent 随所在的 activity 消失而消失。

PendingIntent 可以看作是对 Intent 的包装，通常通过 getActivity、getBroadcast、getService 得到 PendingIntent 的实例。当前 activity 并不能马上启动它所包含的 Intent，而是在外部执行 PendingIntent 时调用 Intent。正是由于 PendingIntent 中保存有当前 App 的 Context，使它赋予外部 App 一种能力，就是可以如同当前 App 一样的执行 PendingIntent 里的 Intent，就算在执行时当前 App 已经不存在了，也能通过存在 PendingIntent 里的 Context 照样执行 Intent 操作。另外还可以处理 Intent 执行后的操作。常和 Alermanger 和 NotificationManager 一起使用。

Intent 一般用于 Activity、Sercvice、BroadcastReceiver 之间传递数据，而 PendingIntent 一般用在 Notification 上，可以理解为延迟执行的 Intent，PendingIntent 是对 Intent 的一个包装。

PendingIntent 对象,使用方法类的静态方法如下：

(1) 跳转到一个 activity 组件，使用方法 getActivity(Context, int, Intent, int)。

(2) 打开一个广播组件，使用方法 getBroadcast(Context, int, Intent, int)。

(3) 打开一个服务组件，使用方法 getService(Context, int, Intent, int)。

从这些方法中可以看到,要得到这个对象,必须传入一个 Intent 作为参数,必须有 context 作为参数。

在 Notification 中使用 PendingIntent 分为三步：

(1) 设置一个 Intent，指出跳转到的 Activity。

```
Intent intent = new Intent( MainActivity.this,NewActivity.class);
```

(2) 实例化 PendingIntent。

```
PendingIntent pendingIntent = PendingIntent.getActivity(MainActivity.this, 0, intent , 0);
```

(3) 在 Notification 实例中使用方法.setContentIntent(PendingIntent)。

```
Notification notify = new Notification.Builder(this)
                        . setContentIntent(pendingIntent)
```

4.2　服务(Service)

4.2.1　Service

◆ 任务目标

练习使用 Service，在 DDMS 的 LogCat 界面产生 LOG 信息。

◆ 实施步骤

步骤 1：新建一个 Module，命名为 Ex4_2_1，其它默认设置。

步骤 2：新建一个继承自 Service 的类 MyService.java，并重写父类的 onCreate()、onStartCommand()和 onDestroy()方法。清单如下：

```
package com.example. ex4_2_1;

import android.app.Service;
import android.content.Intent;
import android.os.IBinder;
import android.util.Log;

public class MyService extends Service {
    public static final String TAG = "MyService";

    @Override
    public void onCreate() {
        super.onCreate();
        Log.d(TAG, "onCreate() executed");
    }

    @Override
    public int onStartCommand(Intent intent, int flags, int startId) {
        Log.d(TAG, "onStartCommand() executed");
        return super.onStartCommand(intent, flags, startId);
    }

    @Override
    public void onDestroy() {
        super.onDestroy();
        Log.d(TAG, "onDestroy() executed");
    }

    @Override
    public IBinder onBind(Intent intent) {
        return null;
    }

```

```
}
```

步骤 3：修改 activity_main.xml 作为程序的主布局文件，设置两个按钮，一个用于启动 Srevice，一个用于停止 Service。清单如下：

```
<LinearLayout xmlns:android="http://schemas.android.com/apk/res/android"
    android:layout_width="match_parent"
    android:layout_height="match_parent"
    android:orientation="vertical" >

    <Button
        android:id="@+id/start_service"
        android:layout_width="match_parent"
        android:layout_height="wrap_content"
        android:text="启动服务"
        android:onClick="myClick"
        />

    <Button
        android:id="@+id/stop_service"
        android:layout_width="match_parent"
        android:layout_height="wrap_content"
        android:text="停止服务"
        android:onClick="myClick"/>

</LinearLayout>
```

步骤 4：修改 MainActivity.java，作为程序的主 Activity，在里面加入启动 Service 和停止 Service 的逻辑。清单如下：

```
package com.example. ex4_2_1;

import androidx.appcompat.app.AppCompatActivity;

import android.content.Intent;
import android.os.Bundle;
import android.view.View;
import android.widget.Button;

public class MainActivity extends AppCompatActivity {

        @Override
    protected void onCreate(Bundle savedInstanceState) {
```

```
        super.onCreate(savedInstanceState);
        setContentView(R.layout.activity_main);
    }

    public void myClick(View view) {
        switch (view.getId()) {
            case R.id.start_service:
                Intent startIntent = new Intent(this, MyService.class);
                startService(startIntent);
                break;
            case R.id.stop_service:
                Intent stopIntent = new Intent(this, MyService.class);
                stopService(stopIntent);
                break;
            default:
                break;
        }
    }

}
```

步骤 5：项目中的每一个 Service 都必须在 AndroidManifest.xml 中注册，所以还需要编辑 AndroidManifest.xml 文件。增加的代码如下：

```
<service android:name="com.example.servicetest.MyService" >
        </service>
```

步骤 6：在手机上运行并观察效果。

◆ 案例分析

1. MyService.java 清单分析

在 MyService.java 中，分别重写父类的 onCreate()、onStartCommand()和 onDestroy()方法，实现程序中的功能。在本程序中，仅仅输出不同的 LOG 信息，以方便观察是哪个方法运行了。

行 29～32：重写 onBind 方法，该方法是必须重写的，但由于此时是启动状态的服务，则该方法无须实现，返回 null 即可，只有在绑定状态下才需要实现该方法并返回一个 IBinder 的实现类。

2. activity_main.xml 清单分析

activity_main.xml 作为主布局文件，加入了“启动服务”和“停止服务”两个按钮，分别用于启动 Service 和停止 Service。设置按下这两个按钮后执行方法 myClick()。

3. MainActivity.java 清单分析

MainActivity.java 中，MainActivity 作为程序的主 Activity，响应启动 Service 和停止 Service 的按钮操作。

行 18～31：myClick(View view)方法，响应按钮点击动作。

行 19：switch 语句根据点击按钮的 id 确定执行的动作。

行 20～23：“启动”按钮被点击后执行方法 startService()。

行 24～27：“停止”按钮被点击后执行方法 stopService()。

4. AndroidManifest.xml 清单分析

AndroidManifest.xml 中增加两行代码，注册 MyService。

App 运行后的界面如图 4-2-1 所示，点击“启动服务”按钮，启动 Service，因为在这之前 Service 没有运行，第一次启动后，会执行 onCreate()和 onStartCommand()两个方法，该 Service 会在 DDMS 的 LogCAT 界面输出两行信息，如图 4-2-2 所示。

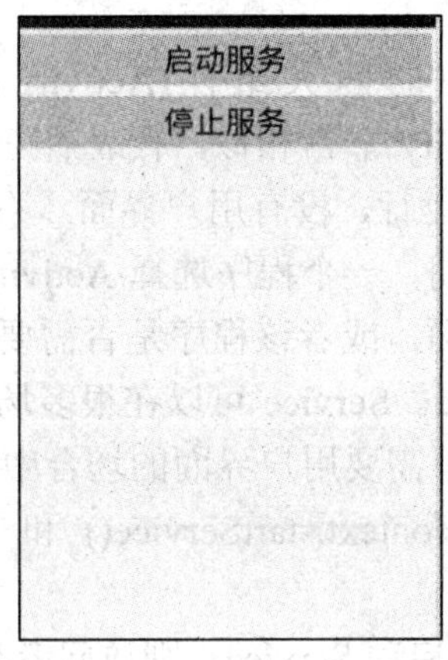

图 4-2-1　Service 启动界面

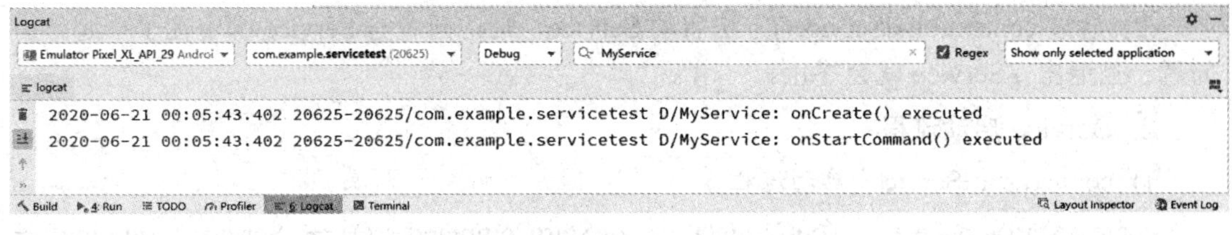

图 4-2-2　点击“启动”按钮后 LogCAT 界面

当再次点击“启动服务”按钮，因为此时 Service 已经在运行，则只执行 onStartCommand()，输出一行信息，如图 4-2-3 所示。

图 4-2-3　再次点击“启动”按钮后 LogCAT 界面

只要 Service 在运行，启动该 Service 时就只会执行 onStartCommand()，onCreate()方法只有在第一次启动 Service 时才会执行。点击“停止服务”按钮后，Service 被终止，如图 4-2-4 所示。

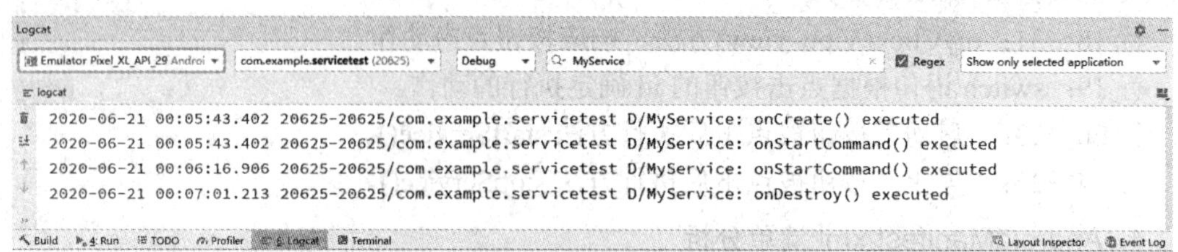

图 4-2-4　点击停止按钮后 LogCAT 界面

◆ 相关知识

1. Service 简介

Service 是 Android 系统中的四大组件(Activity、Service、BroadcastReceiver、ContentProvider)之一，它与 Activity 非常相似，代表着可执行的程序。Service 与 Activity 的区别在于：Service 一直在后台运行，没有用户界面，不会到前台来；它可以和其它组件进行交互，也具有自己的生命周期。一个程序选择 Activity 还是 Service，取决于程序是否需要在运行时向用户呈现某种界面，或者该程序是否需要与用户交互，如果需要交互，就使用 Activity，否则就使用 Service。Service 可以在很多场合，比如后台播放多媒体，或者后台记录地理信息位置的改变等不需要用户界面的场合中使用。

Service 的启动有两种方式：context.startService() 和 context.bindService() 。它们的区别如下：

(1) 通过 context.startService()启动 Service，则访问者与 Service 之间没有关联，即使访问者退出了，Service 仍然运行。

(2) 通过 context.bindService()方法启动 Service，则访问者与 Service 绑定在了一起，访问者一旦退出，Service 就会终止。

2. Service 启动流程

1) *context.startService()启动流程*

context.startService() → onCreate() → onStartCommand () → Service running → context.stopService()→onDestroy()→Service stop

如果 Service 没有运行，则 Android 先调用 onCreate()，然后调用 onStartCommand ()；如果 Service 已经运行，则只调用 onStartCommand ()，所以 Service 的 onStart 方法可能会重复调用多次。

如果结束服务时调用了 stopService()，则会直接调用 onDestroy()销毁 Service。如果是调用者直接退出而没有调用 stopService 的话，则 Service 会一直在后台运行。该 Service 的调用者再启动起来后可以通过 stopService()关闭 Service。

调用 startService 的生命周期为 onCreate→onStart Command(可多次调用)→onDestroy，如图 4-2-5 所示。

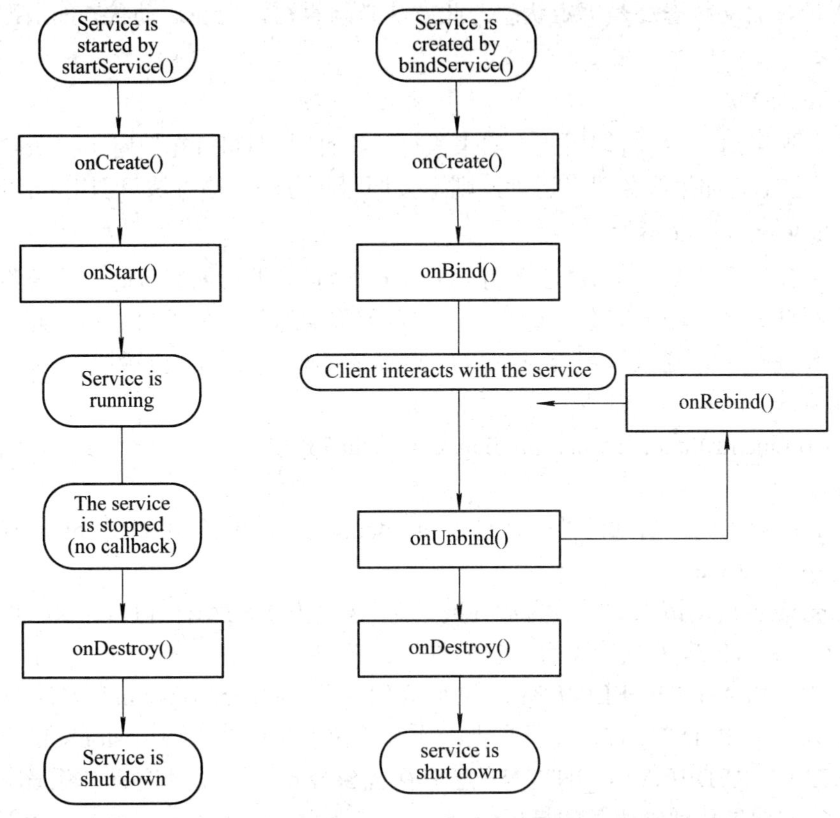

图 4-2-5　Service 的生命周期

2) context.bindService()启动流程

context.bindService()→onCreate()→onBind()→Service running→onUnbind()→onDestroy()→Service stop

onBind()将返回给客户端一个 IBind 接口实例。IBind 允许客户端采用回调服务的方法，比如得到 Service 的实例、运行状态或其它操作。这个时候如果把调用者(Context，例如 Activity)和 Service 绑定在一起，Context 退出了，Srevice 就会调用 onUnbind→onDestroy 相应退出。

所以调用 bindService 的生命周期为：onCreate→onBind(只一次，不可多次绑定)→onUnbind→onDestory。

在 Service 每一次的开启关闭过程中，只有 onStartCommand 可被多次调用(通过多次 startService 调用)，其它 onCreate、onBind、onUnbind、onDestory 在一个生命周期中只能被调用一次。

3. Service 方法介绍

1) onBind()方法

当另一个组件想通过调用 bindService()与服务绑定(例如执行 RPC)时，系统将调用此方法。在此方法的实现中，必须返回一个 IBinder 接口的实现类，供客户端用来与服务进

行通信。无论是启动状态还是绑定状态，此方法必须重写，但在启动状态的情况下直接返回 null。

2) onCreate()方法

首次创建服务时，系统将调用此方法来执行一次性设置程序(在调用 onStartCommand() 或 onBind() 之前)。如果服务已在运行，则不会调用此方法，该方法只调用一次。

3) onStartCommand()方法

当另一个组件(如 Activity)通过调用 startService() 请求启动服务时，系统将调用此方法。一旦执行此方法，服务即会启动并可在后台无限期运行。如果自己实现此方法，则需要在服务工作完成后，通过调用 stopSelf() 或 stopService()来停止服务。在绑定状态下，无须实现此方法。

onStartCommand(Intent intent、int flags、int startId)方法有 3 个传入参数，它们的含义如下：

(1) intent：启动时，启动组件传递过来的 Intent，如 Activity 可利用 Intent 封装所需要的参数并传递给 Service

(2) flags：表示启动请求时是否有额外数据，可选值为 0、START_FLAG_REDELIVERY、START_FLAG_RETRY。0 代表没有。它们具体含义如下：

① START_FLAG_REDELIVERY。这个值代表了 onStartCommand 方法的返回值为 START_REDELIVER_INTENT，而且在上一次服务被 kill 前会去调用 stopSelf 方法停止服务。其中 START_REDELIVER_INTENT 意味着当 Service 因内存不足而被系统 kill 后，则会重建服务，并通过传递给服务的最后一个 Intent 调用 onStartCommand()，此时 Intent 时有值的。

② START_FLAG_RETRY。该 flag 代表当 onStartCommand 调用后一直没有返回值时，会尝试重新去调用 onStartCommand()。

(3) startId：指明当前服务的唯一 ID，与 stopSelfResult (int startId)配合使用，stopSelfResult 可以更安全的根据 ID 停止服务。

实际上，onStartCommand 的返回值 int 类型才是最值得注意的，它有三种可选值：START_STICKY、START_NOT_STICKY、START_REDELIVER_INTENT。它们的具体含义如下：

① START_STICKY。当 Service 因内存不足而被系统 kill 后，当内存再次空闲时，系统将会尝试重新创建此 Service，一旦创建成功后将回调 onStartCommand 方法，但其中的 Intent 将是 null，除非有挂起的 Intent，如 PendingIntent，这个状态适用于不执行命令、但无限期运行并等待作业的媒体播放器或类似服务。

② START_NOT_STICKY。当 Service 因内存不足而被系统 kill 后，即使系统内存再次空闲时，系统也不会尝试重新创建此 Service。除非再次调用 startService 启动此 Service。

③ START_REDELIVER_INTENT。当 Service 因内存不足而被系统 kill 后，则会重建服务，并通过传递给服务的最后一个 Intent 调用 onStartCommand()，任何挂起的 Intent 均依次传递。与 START_STICKY 不同的是，传递的 Intent 非空，是最后一次调用 startService 中的 Intent。这个值适用于主动执行并应该立即恢复的作业(例如下载文件)的服务。

4) onDestroy()

当服务不再使用且将被销毁时，系统将调用此方法。服务应该实现此方法来清理所有资源，如线程、注册的侦听器、接收器等，这是服务接收的最后一个调用。

4.2.2 bindService

◆ 任务目标

练习使用 bindService，在 DDMS 的 LogCat 界面产生 LOG 信息，说明绑定 Service 时会执行哪些方法，解绑 Service 时会执行哪些方法。

◆ 实施步骤

步骤 1：新建一个 Module，命名为 Ex4_2_2，其它设置默认。

步骤 2：新建一个类 LocalService.java。清单如下：

```
package com.example. ex4_2_2;

import android.app.Service;
import android.content.Intent;
import android.os.Binder;
import android.os.IBinder;
import android.util.Log;

import java.util.Random;

public class LocalService extends Service {

    private final String TAG ="bindService";
    public class MyBinder extends Binder{

        public LocalService getService(){
            return LocalService.this;
        }

    }

    //通过 binder 实现调用者 client 与 Service 之间的通信
    private MyBinder binder = new MyBinder();
    //使用 Random 类实例 generator 生成一个随机数，把这个随机数传输出去
```

```
    private final Random generator = new Random();

    @Override
    public void onCreate() {
        Log.d(TAG,"LocalService -> onCreate ");
        super.onCreate();
    }

    @Override
    public int onStartCommand(Intent intent, int flags, int startId) {
        Log.d(TAG, "LocalService -> onStartCommand");
        return START_NOT_STICKY;
    }

    @Override
    public IBinder onBind(Intent intent) {
        Log.d(TAG, "LocalService -> onBind, from:" + intent.getStringExtra("from") );
        return binder;
    }

    @Override
    public boolean onUnbind(Intent intent) {
        Log.d(TAG, "LocalService -> onUnbind" );
        return false;
    }

    @Override
    public void onDestroy() {
        Log.d(TAG, "LocalService -> onDestroy" );
        super.onDestroy();
    }

    //getRandomNumber 是 Service 暴露出去供 client 调用的公共方法
    public int getRandomNumber(){
        return generator.nextInt();
    }


}
```

步骤 3：修改 MainActivity.java。清单如下：

```
package com.example. ex4_2_2;

import androidx.appcompat.app.AppCompatActivity;
import android.content.ComponentName;
import android.content.Intent;
import android.content.ServiceConnection;
import android.os.Bundle;
import android.os.IBinder;
import android.util.Log;
import android.view.View;

public class MainActivity extends AppCompatActivity {

    private LocalService service = null;
    private final String TAG ="bindService";
    private boolean isBound = false;

    private ServiceConnection conn = new ServiceConnection() {
        @Override
        public void onServiceConnected(ComponentName name, IBinder binder) {
            isBound = true;
            LocalService.MyBinder myBinder = (LocalService.MyBinder)binder;
            service = myBinder.getService();
            Log.d(TAG, "MainActivity onServiceConnected");
            int num = service.getRandomNumber();
            Log.d(TAG, "MainActivity 中调用 LocalService 的
                                    getRandomNumber 方法，结果: " + num);
        }

        @Override
        public void onServiceDisconnected(ComponentName name) {
            isBound = false;
            Log.d(TAG, "MainActivity onServiceDisconnected");
        }
    };

    @Override
```

```
    protected void onCreate(Bundle savedInstanceState) {
        super.onCreate(savedInstanceState);
        setContentView(R.layout.activity_main);
        Log.d(TAG, "MainActivity -> onCreate" );

    }

    public void serviceClick(View view) {
        switch (view.getId()){
            case R.id.BindService:
                //单击了“bindService”按钮
                Intent intent = new Intent(this, LocalService.class);
                intent.putExtra("from", "MainActivity");
                Log.d(TAG, "----------------------------------------------------------------------");
                Log.d(TAG, "MainActivity 执行 bindService");
                bindService(intent, conn, BIND_AUTO_CREATE);
                break;

            case R.id.unBindService:
                //单击了“unbindService”按钮
                if(isBound){
                    Log.d(TAG, "------------------------------------------------------------------");
                    Log.d(TAG, "MainActivity 执行 unbindService");
                    unbindService(conn);
                }
                break;

            case R.id.getServiceDatas:
                if (service != null) {
                    Log.d(TAG, "从服务端获取数据：" +
                                    service.getRandomNumber());
                } else {
                    Log.d(TAG, "还没绑定，无法从服务端获取数据，先绑定,");
                }
                break;

            default: break;
        }
```

```
        }

    }
}
```

步骤 4：如下清单 activity_main.xml 是布局文件，设置了三个按钮。

```
<?xml version="1.0" encoding="utf-8"?>
<LinearLayout xmlns:android="http://schemas.android.com/apk/res/android"
      android:orientation="vertical" android:layout_width="match_parent"
      android:layout_height="match_parent">

      <Button
            android:id="@+id/BindService"
            android:layout_width="wrap_content"
            android:layout_height="wrap_content"
            android:onClick="serviceClick"
            android:text="绑定服务器"
            />

      <Button
            android:id="@+id/unBindService"
            android:layout_width="wrap_content"
            android:layout_height="wrap_content"
            android:onClick="serviceClick"
            android:text="解除绑定"
            />

      <Button
            android:id="@+id/getServiceDatas"
            android:layout_width="wrap_content"
            android:layout_height="wrap_content"
            android:onClick="serviceClick"
            android:text="获取服务方数据"
            />
</LinearLayout>
```

步骤 5：在 AndroidManifest.xml 中注册 Service，增加如下内容。

```
<service android:name=".LocalService"></service>
```

◆ 案例分析

1. LocalService.java 清单分析

LocalService.java 清单用于实现 Service 端。

行 13：定义了一个 final 的 String 变量 TAG，用于查看 LogCat 时筛选关键字。

行 14～20：创建一个继承自 Binder 的类 MyBinder。

行 23：创建 MyBinder 对象 binder，返回给客户端即 Activity 使用，返回的数据提供数据交换的接口。

行 25：使用 Random 类实例 generator 生成一个随机数，利用 Service 将这个随机数传输出去。

行 27～31：重写 onCreate()方法。

行 33～37：重写 onStartCommand()方法，该方法告诉系统如何重启服务，如判断是否异常终止后重新启动，在何种情况下异常终止。

行 39～43：重写 onBind ()方法，该方法在绑定 Service 时调用。

行 45～49：重写 onUnbind()方法，该方法在 Service 被解除绑定时调用。

行 51～55：重写 onDestroy()方法，可以销毁该 Service。

行 57～60：创建 getRandomNumber()方法，该方法是 Service 暴露出去供 client 调用的公共方法。

2. MainActivity.java 清单分析

MainActivity.java 实现了对 LocalService 的调用，启动 Service。

行 14：定义类 LocalService 实例 service。

行 15：定义 String 变量 TAG，便于查看 LogCat 时筛选信息。

行 16：定义 boolean 变量 isBound，标识出 Service 是否被绑定。

行 18～35：定义一个 ServiceConnection 变量 conn，代表与服务的连接，它只有两个方法，onServiceConnected 方法和 onServiceDisconnected 方法，前者是在操作者连接一个服务成功时被调用，后者是在服务崩溃或被 kill 导致的连接中断时被调用。

行 41：输出 LogCat 信息，表示 MaiActivity 已经启动。

行 45：点击按钮时调用的方法 serviceClick() 。

行 47～54：绑定按钮被按下，调用绑定方法。

行 56～63：解除绑定按钮被按下，调用解除绑定方法。

行 65～72：按下获取服务器数据按钮，获取服务器的数据。通过绑定服务传递的 Binder 对象，获取 Service 暴露出来的数据。

3. activity_main.xml 清单分析

activity_main.xml 是布局文件。该文件设置了一个 LinearLayout 布局，有三个按钮，分别是“绑定服务器”“解除绑定”和“获取服务方数据”。

4. AndroidManifest.xml 清单分析

AndroidManifest.xml 清单用于注册 Service。

MainActivity 通过 bindService()绑定到 LocalService 后，onServiceConnected()便会被回调并可以获取到 LocalService 的实例对象 mService，之后就可以调用 LocalService 服务端的公共方法了。

在服务器端，LocalService 类继承自 Service，在该类中创建了一个 LocalMyBinder，继承自 Binder 类，MyBinder 中声明了一个 getService 方法，客户端通过访问该方法获取 LocalService 对象的实例，只要客户端获取到 LocalService 对象的实例，就可调用 LocalService 服务端的公共方法，如 getRandomNumber 方法，值得注意的是，在 onBind 方法中返回了 binder 对象，该对象便是 MyBinder 的具体实例，而 binder 对象最终会返回给客户端，客户端通过返回的 binder 对象便可以与服务端实现交互。

在客户端中创建了一个 ServiceConnection 对象 conn，代表与服务的连接，它只有两个方法，分别是 onServiceConnected 方法和 onServiceDisconnected 方法。

onServiceConnected 方法是客户端与服务器端交互的接口方法，绑定服务的时候被回调。通过由这个方法获取绑定 Service 传递过来的 IBinder 对象，实现宿主和 Service 的交互。

onServiceDisconnected()方法是当取消绑定的时候被回调。正常情况下是不被调用的，它的调用时机是当 Service 服务被意外销毁时，例如内存的资源不足，才被自动调用。

运行程序，点击并多次点击绑定服务，多次获取服务方数据，最后调用解除绑定的方法移除服务。这个过程产生的结果讲解如下：

运行界面如图 4-2-6 所示。程序运行后有三个按钮“绑定服务器”“解除绑定”和“获取服务方数据”，分别对应不同的功能。

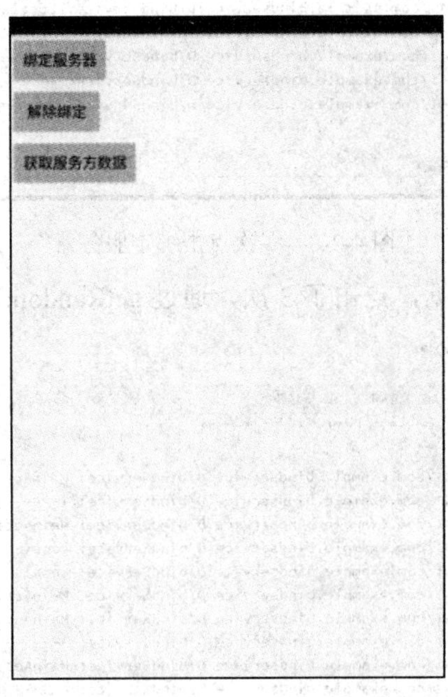

图 4-2-6　运行界面

点击“绑定服务器”按钮，执行绑定服务器功能，如图 4-2-7 所示。当第一次点击绑定服务时，LocalService 服务端的 onCreate()、onBind 方法会依次被调用，此时客户端的 ServiceConnection 的 onServiceConnected()被调用并返回 LocalBinder 对象，接着调用

LocalBinder 的 getService 方法返回 LocalService 实例对象，此时客户端便持有 LocalService 的实例对象，可以任意调用 LocalService 类中的声明公共方法。

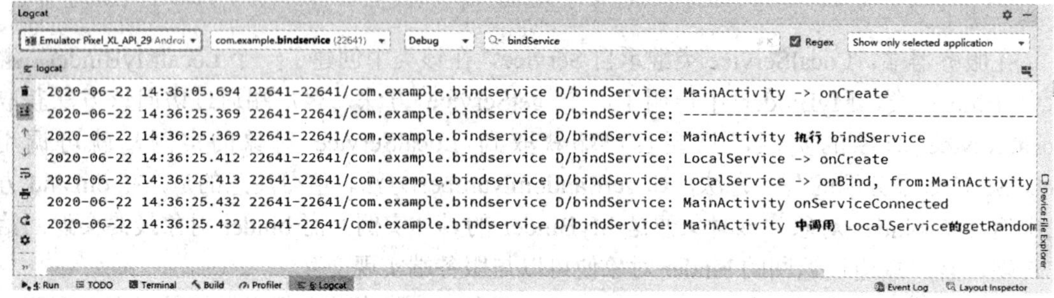

图 4-2-7　点击绑定服务器

绑定服务器后，多次点击“绑定服务器”按钮进行多次绑定，如图 4-2-8 所示。从图中可以看到，多次调用 bindService 方法绑定 LocalService 服务端，但是 LocalService 的 onBind 方法只调用了一次，就是在第一次调用 bindService 时才会回调 onBind 方法。也就是说，绑定只能执行一次，不能多次执行。

图 4-2-8　多次点击绑定服务器

再点击获取服务端的数据，点击了 3 次，通过 getRandomNumber ()获取了服务端的 3 个不同数据，如图 4-2-9 所示。

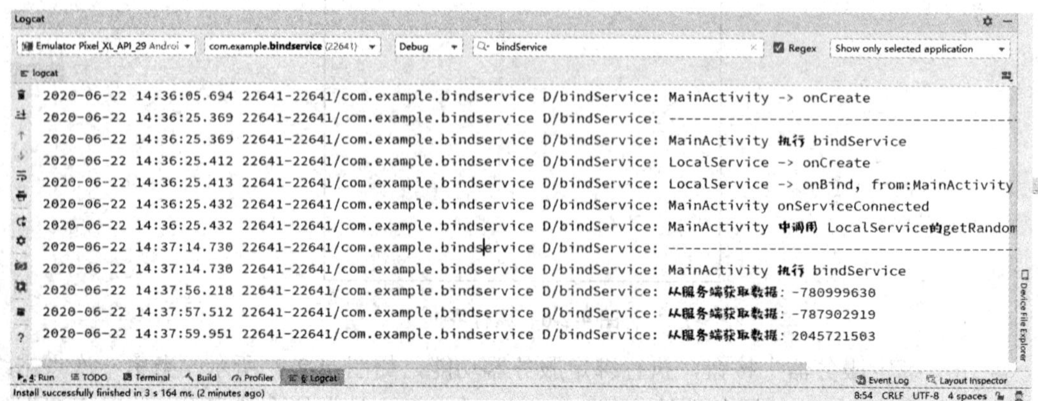

图 4-2-9　点击获取数据

最后点击解除绑定，如图 4-2-10 所示，此时 LocalService 的 onUnBind、onDestroy 方法依次被回调，并且多次绑定只需一次解绑即可。这说明绑定状态下的 Service 生命周期方法的调用依次为 onCreate()、onBind、onUnBind、onDestroy。

图 4-2-10　点击解除绑定

◆ 相关知识

当程序通过 startService()和 stopService()启动和关闭 Service 时，Service 和访问者之间基本上不存在太多的关联，因此 Service 和访问者之间也无法进行通信、数据的交换等。

如果 Service 和访问者之间需要进行方法调用或数据交换，则应该使用 bindService()和 unbindService()方法启动和关闭 Service。

如果服务仅供本地应用使用，不需要跨进程工作，当 Service(服务端)与客户端在相同的进程中运行时，则应通过扩展 Binder 类并从 onBind()返回它的一个实例来创建接口。客户端收到 Binder 后，直接访问 Binder 及 Service 中可用的公共方法。如果服务只是自有应用的后台工作线程，则优先采用这种方法。用该方式创建的接口不能被其它应用或不同的进程调用。

bindService 使用开发步骤如下：

(1) 创建 bindService 服务端，继承自 Service 并在类中，创建一个实现 IBinder 接口的实例对象并提供公共方法给客户端调用。

(2) 从 onBind()回调方法返回此 Binder 实例。

(3) 在客户端中，从 onServiceConnected()回调方法接收 Binder，并使用提供的方法调用绑定服务。

注意：此方式只有在客户端和服务位于同一应用和进程内才有效，例如需要将 Activity 绑定到在后台播放音乐的自有服务的音乐应用上时，非常有效。之所以要求服务和客户端必须在同一应用内，是为了便于客户端转换返回的对象和正确调用其 API。之所以要求服务和客户端在同一进程内，是因为此方式不执行任何跨进程编组。

在客户端中创建了一个 ServiceConnection 对象 conn，代表与服务的连接，它只有两个方法，分别是 onServiceConnected 方法和 onServiceDisconnected 方法。这两个方法讲解如下：

(1) onServiceConnected(ComponentName name，IBinder service)，系统会调用该方法以传递服务的 onBind()方法返回的 IBinder。其中 service 便是服务端返回的 IBinder 实现类对

象，通过该对象便可以调用 LocalService 实例对象，进而调用服务端的公共方法。ComponentName 是一个封装了组件(Activity, Service, BroadcastReceiver, or ContentProvider)信息的类，如包以及组件描述等，该参数较少使用。

(2) onServiceDisconnected(ComponentName name)，Android 系统会在与服务的连接意外中断时(例如当服务崩溃或被终止时)调用该方法。注意：当客户端取消绑定时，系统绝对不会调用该方法。

在 onServiceConnected()被回调前，需先把当前 Activity 绑定到服务 LocalService 上，绑定服务是使用 bindService()方法，解绑服务则是使用 unbindService()方法。

(3) bindService(Intent service, ServiceConnection conn, int flags)，该方法执行绑定服务操作，其中 Intent 是要绑定的服务(也就是 LocalService)的意图，而 ServiceConnection 代表与服务的连接，它只有两个方法，前面已分析过，flags 则是指定绑定时是否自动创建 Service，0 代表不自动创建，BIND_AUTO_CREATE 则代表自动创建。

(4) unbindService(ServiceConnection conn)，该方法执行解除绑定的操作，其中 ServiceConnection 代表与服务的连接。

unbindService()仅仅是把 Activity 和 Service 解绑，但是没有 kill Service，Service 还是在后台运行。若要 kill Service，则需要运行 onDestroy()方法。

4.2.3　IntentService

◆ 任务目标

练习使用 IntentService，在 DDMS 的 LogCat 界面产生 LOG 信息，演示 IntentService 启动后执行的动作。

◆ 实施步骤

步骤 1：新建一个 Module，命名为 Ex4_2_3，其它默认设置。

步骤 2：新建一个 Service，如下的 intentServiceTest.java 所示，实现了一个继承了 IntentService 的类 intentServiceTest.java，并在各个方法中插入 LOG 语句，显示调试信息。清单如下：

```
package com.example.ex4_2_3;

import android.app.IntentService;
import android.content.Intent;
import android.os.IBinder;
import android.util.Log;

public class intentServiceTest extends IntentService {
    final String TAG="chen";

```

```
    public intentServiceTest() {
        super("intentServiceTest");
    }

    @Override
    public IBinder onBind(Intent intent) {
        Log.e(TAG, "onBind: ");
        return super.onBind(intent);
    }


    @Override
    public void onCreate() {
        Log.e(TAG, "onCreate: ");
        super.onCreate();
    }

    @Override
    public void onStart(Intent intent, int startId) {
        Log.e(TAG, "onStart: " );
        super.onStart(intent, startId);
    }


    @Override
    public int onStartCommand(Intent intent, int flags, int startId) {
        Log.e(TAG, "onStartCommand: ");
        return super.onStartCommand(intent, flags, startId);
    }


    @Override
    public void setIntentRedelivery(boolean enabled) {
        super.setIntentRedelivery(enabled);
        Log.e(TAG, "setIntentRedelivery: " );
    }

    @Override
    protected void onHandleIntent(Intent intent) {
      //Intent 是从 Activity 发过来的，携带识别参数，根据参数不同执行不同的任务
```

```
            String action = intent.getExtras().getString("param");
                if (action.equals("oper1")) {
                    Log.e(TAG, "Operation1");
                }else if (action.equals("oper2")) {
                    Log.e(TAG, "Operation2 " );
                }
            try {
                Thread.sleep(2000);
            } catch (InterruptedException e) {
                e.printStackTrace();
            }
        }

        @Override
        public void onDestroy() {
            Log.e(TAG, "onDestroy: ");
            super.onDestroy();
        }


}
```

步骤 3：修改 MainActivity.java，启动 intentServiceTest 类。清单如下：

```
package com.example. ex4_2_3;

import android.content.Intent;
import android.support.v7.app.AppCompatActivity;
import android.os.Bundle;
import android.view.View;

public class MainActivity extends AppCompatActivity {

    @Override
    protected void onCreate(Bundle savedInstanceState) {
        super.onCreate(savedInstanceState);
        setContentView(R.layout.activity_main);
    }

    public void onClick(View view) {
        //Operation 1
```

```java
        Intent startServiceIntent = new Intent(this, intentServiceTest.class);
        Bundle bundle = new Bundle();
        bundle.putString("param", "oper1");
        startServiceIntent.putExtras(bundle);
        startService(startServiceIntent);

        //Operation 2
        Intent startServiceIntent2 = new Intent(this, intentServiceTest.class);
        Bundle bundle2 = new Bundle();
        bundle2.putString("param", "oper2");
        startServiceIntent2.putExtras(bundle2);
        startService(startServiceIntent2);
    }
}
```

步骤 4：修改布局文件 activity_main.xml，实现一个按钮并设定了点击动作执行的方法。清单如下：

```xml
<?xml version="1.0" encoding="utf-8"?>
<LinearLayout xmlns:android="http://schemas.android.com/apk/res/android"
    android:orientation="vertical" android:layout_width="match_parent"
    android:layout_height="match_parent">

    <Button
        android:id="@+id/intentService"
        android:layout_width="wrap_content"
        android:layout_height="wrap_content"
        android:onClick="onClick"
        android:text="启动服务"
        />

</LinearLayout>
```

步骤 5：在 AndroidManifest.xml 中注册 IntentService，增加如下语句。

```xml
<service android:name=".intentServiceTest">        </service>
```

步骤 6：在手机上运行并观察效果。

◆ 案例分析

1. intentServiceTest.java 清单分析

intentServiceTest.java 实现一个继承了 IntentService 的类 intentServiceTest。

行 9：设定 TAG 信息为“intentService”，方便筛选 LOG 信息。

行 11～13：重写父类方法。

行 15～46：实现 Service 继承来的各个类，主要是增加了 LOG 信息，以便于追踪方法的执行。

行 48～62：实现了 onHandleIntent(Intent intent)方法，在该方法中，识别 Intent 携带的信息并根据参数不同执行不同的任务。

行 64～68：实现 onDestroy()方法，用来销毁 Service。

2. MainActivity.java 清单分析

MainActivity.java 是主类。

行 16～32：实现按钮点击动作，如图 4-2-11 所示。

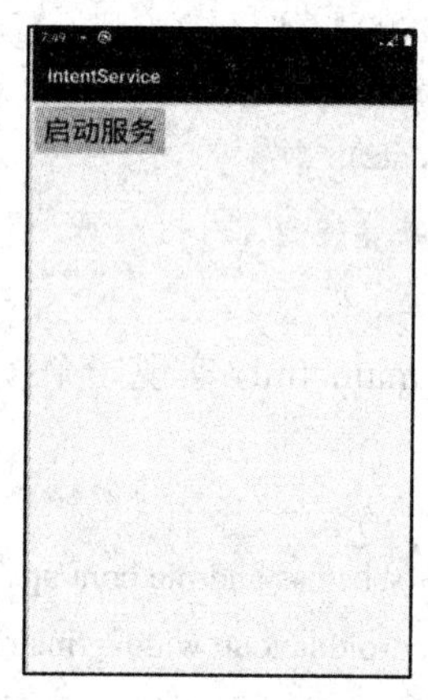

图 4-2-11　启动界面

程序运行如图 4-2-12 所示。从结果可以看到，onCreate 方法只执行了一次，而 onStartCommand 和 onStart 方法执行了两次，开启了两个 Work Thread，这就证实了之前所说的启动多次但 IntentService 的实例只有一个的说法，这跟传统的 Service 是一样的。Operation1 也是先于 Operation2 打印，并且两个操作间停顿了 2 s，最后是 onDestroy 销毁了 IntentService。

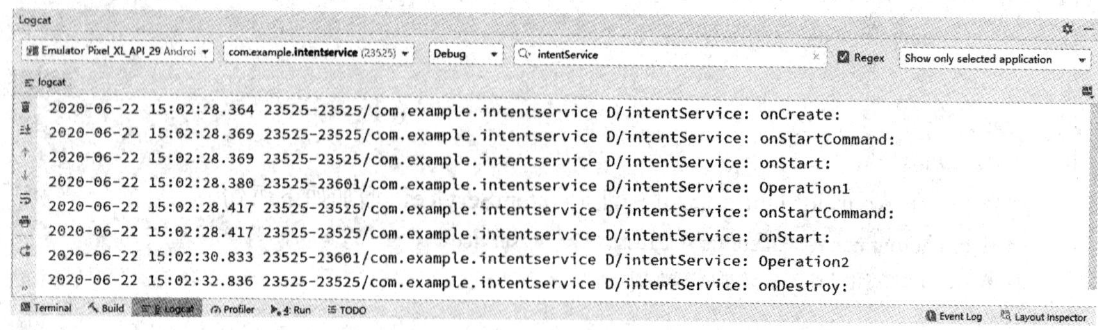

图 4-2-12　输出信息

◆ 相关知识

在 Android 中，应用的响应性被活动管理器(Activity Manager)和窗口管理器(Window

Manager)这两个系统服务所监视。当用户触发了输入事件后(如键盘输入，点击按钮等)，如果应用 5 秒内没有响应，那么，Android 会认为该应用无响应，便会弹出(Application No Response)无响应异常对话框。

Service 在主线程中运行时，若执行一个耗时任务，会导致输入事件无法得到及时响应，就会引起 ANR 异常。解决这个问题的方法是使用 IntentService，IntentService 会新启动一个线程执行，不会堵塞主线程。

IntentService 可以看作 Service 和 HandlerThread 的结合体，在完成使命之后会自动停止，适合需要在工作线程处理与 UI 无关任务的场景。IntentService 有如下特点：

(1) IntentService 是继承自 Service 并处理异步请求的一个类，在 IntentService 内有一个工作线程来处理耗时操作。

(2) 当任务执行完后，IntentService 会自动停止，不需要去手动结束。

(3) 如果多次启动 IntentService，那么每一个耗时操作会以工作队列的方式在 IntentService 的 onHandleIntent 回调方法中执行，每次只会执行一个工作线程，执行完第一个再执行第二个，以此类推，直到执行自动结束。

(4) 所有请求都在一个单线程中，不会阻塞应用程序的主线程(UI Thread)，同一时间只处理一个请求。

在实现 IntentService 时，只需要重写 onHandleIntent()方法即可，其它的方法可用默认方法。只实现 intentServiceTest 类后，程序依然完成了两个操作 Operation1 和 Operation2，因其它的方法使用继承自 Service 的方法，执行后没有 LOG 信息出现。清单如下：

```
package com.example. ex4_2_3;

import android.app.IntentService;
import android.content.Intent;
import android.os.IBinder;
import android.util.Log;

public class intentServiceTest extends IntentService {
    final String TAG=" intentService ";
    public intentServiceTest() {
        //必须实现父类的构造方法
        super("intentServiceTest");
    }

    @Override
    protected void onHandleIntent(Intent intent) {

        String action = intent.getExtras().getString("param");
            if (action.equals("oper1")) {
                Log.e(TAG, "Operation1");
```

```
            }else if (action.equals("oper2")) {
                Log.e(TAG, "Operation2 " );
            }
        try {
            Thread.sleep(2000);
        } catch (InterruptedException e) {
            e.printStackTrace();
        }
    }

}
```

只重写 onHandleIntent()方法后 LOG 信息，从图 4-2-13 展示出的信息中可以看到，两个操作 Operation1 和 Operation2 均得到了执行。

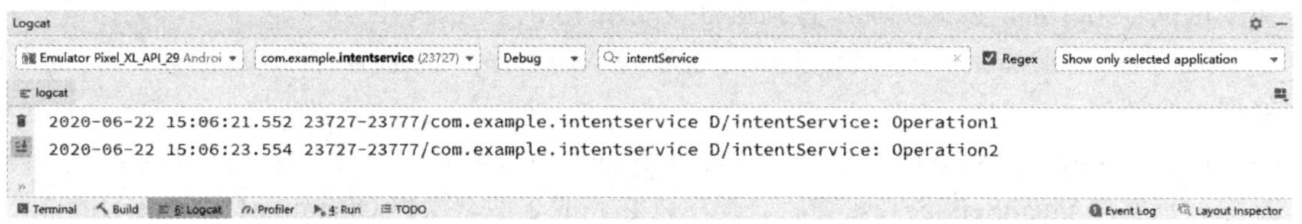

图 4-2-13　只实现 onHandleIntent()方法后输出结果

4.3　广播 Broadcast

◆　任务目标

Service 在后台计数，利用广播 Broadcast 把计数值传递给主界面，在主界面中显示出计数值。界面如图 4-3-1 所示。

图 4-3-1　启动界面

◆ 实施步骤

步骤 1：新建一个 Module，命名为 ex4_3_1，其它默认设置。

步骤 2：新建一个接口文件 ICounterService.java。清单如下：

```
package com.example. ex4_3_1;

public interface ICounterService {
    public void startCounter(int initVal);
    public void stopCounter();
}
```

步骤 3：新建一个 Service 文件 CounterService.java ，用于实现后台计数。清单如下：

```
package com.example. ex4_3_1;

import android.app.Service;
import android.content.Intent;
import android.os.AsyncTask;
import android.os.Binder;
import android.os.IBinder;
import android.util.Log;

public class CounterService extends Service implements ICounterService{
    private final static String TAG = "MyBroadcast";

    public final static String BROADCAST_COUNTER_ACTION =
            "com.example.mybroadcast.COUNTER_ACTION";
    public final static String COUNTER_VALUE =
            "com.example.mybroadcast.counter.value";

    private boolean stop = false;

    private final IBinder binder = new CounterBinder();

    public class CounterBinder extends Binder {
        public CounterService getService() {
            return CounterService.this;
        }
    }
```

```

    @Override
    public IBinder onBind(Intent intent) {
        return binder;
    }

    @Override
    public void onCreate() {
        super.onCreate();

        Log.d(TAG, "计数服务器 Created.");
    }

    @Override
    public void onDestroy() {
        Log.d(TAG, "计数服务器 Destroyed.");
        super.onDestroy();
    }

    public void startCounter(int initVal) {
        AsyncTask<Integer, Integer, Integer> task = new AsyncTask<Integer, Integer, Integer>() {
            @Override
            protected Integer doInBackground(Integer... vals) {
                Integer initCounter = vals[0];

                stop = false;
                while(!stop) {
                    publishProgress(initCounter);

                    try {
                        Thread.sleep(1000);
                    } catch (InterruptedException e) {
                        e.printStackTrace();
                    }

                    initCounter++;
                }

```

```
                return initCounter;
            }

            @Override
            protected void onProgressUpdate(Integer... values) {
                super.onProgressUpdate(values);

                int counter = values[0];

                Intent intent = new Intent(BROADCAST_COUNTER_ACTION);
                intent.putExtra(COUNTER_VALUE, counter);

                sendBroadcast(intent);
            }

            @Override
            protected void onPostExecute(Integer val) {
                int counter = val;

                Intent intent = new Intent(BROADCAST_COUNTER_ACTION);
                intent.putExtra(COUNTER_VALUE, counter);

                sendBroadcast(intent);
            }

        };

        task.execute(0);
    }

    public void stopCounter() {
        stop = true;
        Log.d(TAG, "停止计数: ");

    }


}
```

步骤 3：修改文件 MainActivity.java。清单如下：

```
package com.example.mybroadcast;

import androidx.appcompat.app.AppCompatActivity;

import android.content.BroadcastReceiver;
import android.content.ComponentName;
import android.content.Context;
import android.content.Intent;
import android.content.IntentFilter;
import android.content.ServiceConnection;
import android.os.Bundle;
import android.os.IBinder;
import android.util.Log;
import android.view.View;
import android.widget.Button;
import android.widget.TextView;

public class MainActivity extends AppCompatActivity implements View.OnClickListener {

    private final static String  TAG = "MyBroadcast";

    private Button startButton = null;
    private Button stopButton = null;
    private TextView counterText = null;

    private ICounterService counterService = null;

    @Override
    protected void onCreate(Bundle savedInstanceState) {
        super.onCreate(savedInstanceState);
        setContentView(R.layout.activity_main);

        startButton = (Button)findViewById(R.id.button_start);
        stopButton = (Button)findViewById(R.id.button_stop);
        counterText = (TextView)findViewById(R.id.textview_counter);

        startButton.setOnClickListener((View.OnClickListener) this);
        stopButton.setOnClickListener((View.OnClickListener) this);
```

```

        startButton.setEnabled(true);
        stopButton.setEnabled(false);

        Intent bindIntent = new Intent(MainActivity.this, CounterService.class);
        bindService(bindIntent, serviceConnection, Context.BIND_AUTO_CREATE);

        Log.d(TAG, "MainActivity Created.");

    }

    @Override
    public void onResume() {
        super.onResume();

        IntentFilter counterActionFilter = new
IntentFilter(CounterService.BROADCAST_COUNTER_ACTION);
        registerReceiver(counterActionReceiver, counterActionFilter);
    }

    @Override
    public void onPause() {
        super.onPause();
        unregisterReceiver(counterActionReceiver);
    }

    @Override
    public void onDestroy() {
        super.onDestroy();
        unbindService(serviceConnection);
    }


    public void onClick(View v) {
        if(v.equals(startButton)) {
            if(counterService != null) {
                counterService.startCounter(0);

                startButton.setEnabled(false);
```

```
                stopButton.setEnabled(true);
            }
        } else if(v.equals(stopButton)) {
            if(counterService != null) {
                counterService.stopCounter();

                startButton.setEnabled(true);
                stopButton.setEnabled(false);
            }
        }
    }

    private BroadcastReceiver counterActionReceiver = new BroadcastReceiver(){
        public void onReceive(Context context, Intent intent) {
            int counter = intent.getIntExtra(CounterService.COUNTER_VALUE, 0);
            String text = String.valueOf(counter);
            counterText.setText(text);

            Log.d(TAG, "接收到计数值");
        }
    };

    private ServiceConnection serviceConnection = new ServiceConnection() {
        public void onServiceConnected(ComponentName className, IBinder service) {
            counterService = ((CounterService.CounterBinder)service).getService();

            Log.d(TAG, "计数服务器 Connected");
        }
        public void onServiceDisconnected(ComponentName className) {
            counterService = null;
            Log.d(TAG, "计数服务器 Disconnected");
        }
    };

}
```

步骤 4：修改布局文件 activity_main.xml。清单如下：

```
<?xml version="1.0" encoding="utf-8"?>
```

```
<LinearLayout xmlns:android="http://schemas.android.com/apk/res/android"
    android:orientation="vertical"
    android:layout_width="fill_parent"
    android:layout_height="fill_parent"
    android:gravity="center">
    <LinearLayout
        android:layout_width="fill_parent"
        android:layout_height="wrap_content"
        android:layout_marginBottom="10px"
        android:orientation="horizontal"
        android:gravity="center">
        <TextView
            android:layout_width="wrap_content"
            android:layout_height="wrap_content"
            android:layout_marginRight="4px"
            android:gravity="center"
            android:text="@string/counter"
            android:textSize="30sp">
        </TextView>
        <TextView
            android:id="@+id/textview_counter"
            android:layout_width="wrap_content"
            android:layout_height="wrap_content"
            android:gravity="center"
            android:text="0"
            android:textSize="30sp">
        </TextView>
    </LinearLayout>
    <LinearLayout
        android:layout_width="fill_parent"
        android:layout_height="wrap_content"
        android:orientation="horizontal"
        android:gravity="center">
        <Button
            android:id="@+id/button_start"
            android:layout_width="wrap_content"
            android:layout_height="wrap_content"
            android:gravity="center"
            android:text="@string/start"
```

```
                android:textSize="30sp"
                >
            </Button>
            <Button
                android:id="@+id/button_stop"
                android:layout_width="wrap_content"
                android:layout_height="wrap_content"
                android:gravity="center"
                android:text="@string/stop"
                android:textSize="30sp"
                >
            </Button>
        </LinearLayout>
    </LinearLayout>
```

步骤 5：新建变量文件 string.xml。清单如下：

```
<resources>
    <string name="app_name">myBroadcast</string>
    <string name="counter">计数值: </string>
    <string name="start">开始计数</string>
    <string name="stop">停止计数</string>
</resources>
```

步骤 6：修改文件 AndroidManifest.xml，注册 Service。清单如下：

```
<?xml version="1.0" encoding="utf-8"?>
<manifest xmlns:android="http://schemas.android.com/apk/res/android"
    package="com.example.mybroadcast">

    <application
        android:allowBackup="true"
        android:icon="@mipmap/ic_launcher"
        android:label="@string/app_name"
        android:roundIcon="@mipmap/ic_launcher_round"
        android:supportsRtl="true"
        android:theme="@style/AppTheme">
        <activity android:name=".MainActivity">
            <intent-filter>
                <action android:name="android.intent.action.MAIN" />

                <category android:name="android.intent.category.LAUNCHER" />
            </intent-filter>
```

```
        </activity>
        <service android:name=".CounterService"
            android:enabled="true">
        </service>
    </application>

</manifest>
```

步骤 7：在手机上运行并观察效果。

◆ 案例分析

1. ICounterService.java 清单分析

ICounterService.java 是接口文件，定义计数器的服务接口 ICounterService 很简单，它只有两个成员函数，分别用来启动和停止计数器。启动计数时，还可以指定计数器的初始值。

2. CounterService.java 清单分析

CounterService.java 清单中的计数器 CounterService 实现了 ICounterService 接口。当这个服务被 bindService 函数启动时，系统会调用它的 onBind 函数，这个函数返回一个 Binder 对象给系统。

当 MainActivity 调用 bindService 函数来启动计数器服务器时，系统会调用 MainActivity 的 ServiceConnection 实例，serviceConnection 的 onServiceConnected 函数通知 MainActivity，这个服务已经连接上了，并且会通过这个函数传进来一个 Binder 远程对象，这个 Binder 远程对象就是来源于 CounterService 的 onBind 的返回值。

函数 onBind 返回的 Binder 对象是一个自定义的 CounterBinder 实例，它实现了一个 getService 成员函数。当系统通知 MainActivity，计数器服务已经启动并且连接成功，将这个 Binder 对象传给 MainActivity 时，MainActivity 就会把这个 Binder 对象强制转换为 CounterBinder 实例，然后调用它的 getService 函数获得服务接口。这样，MainActivity 就通过这个 Binder 对象和 CounterService 关联起来了。

3. MainActivity.java 清单分析

MainActivity.java 是默认 Activity 完成主要功能。MainActivity 在创建(onCreate)的时候，会调用 bindService 函数启动计数器服务(CounterService)，它的第二个参数 serviceConnection 是一个 ServiceConnection 实例。启动计数器服务后，系统会调用这个实例的 onServiceConnected 函数将一个 Binder 对象传回来，通过调用这个 Binder 对象的 getService 函数，就可以获得计数器服务接口。把这个计数器服务接口保存在 MainActivity 的 counterService 成员变量中。当调用 unbindService 停止计数器服务时，系统会调用这个实例的 onServiceDisconnected 函数告诉 MainActivity，它与计数器服务的连接断开了。

注意，通过调用 bindService 函数来启动 Service 时，这个 Service 与启动它的 Activity 是位于同一个进程中的，没有在新的进程中启动服务。

在 MainActivity 的 onResume 函数中，通过调用 registerReceiver 函数注册了一个广播接收器 counterActionReceiver，它是一个 BroadcastReceiver 实例，并且指定了这个广播接收器只对 CounterService.BROADCAST_COUNTER_ACTION 类型的广播感兴趣。当 CounterService 发出一个 CounterService.BROADCAST_COUNTER_ACTION 类型的广播时，系统就会把这个广播发送到 counterActionReceiver 实例的 onReceiver 函数中去。在 onReceive 函数中，从参数 intent 中取出计数器当前值，显示在界面上。

界面上有两个按钮，分别是“开始计数”和“停止计数”按钮，点击前者开始计数，点击后者则停止计数。

当 MainActivity 调用计数器服务接口的 startCounter 函数时，计数器服务并不是直接进入计数状态的，而是通过使用异步任务(AsyncTask)在后台线程中进行计数。为什么要使用异步任务来在后台线程中进行计数呢？这是因为计数过程是一个耗时的计算型逻辑，不能把它放在界面线程中进行，当 CounterService 启动时，并没有在新的进程中启动，它与 MainActivity 一样，运行在应用程序的界面线程中，因此，这里需要使用异步任务在后台线程中进行计数。

当调用异步任务实例的 execute(task.execute)方法时，当前调用的线程就返回了，系统启动一个后台线程来执行这个异步任务实例的 doInBackground 函数，用来执行耗时计算，它会进入到一个循环中，把计数器加 1，然后进入休眠(Thread.sleep)，1s 后醒过来，再重复计算过程。在计算过程中，可以通过调用 publishProgress 函数来通知调用者当前计算的进度，好让调用者来更新界面，调用 publishProgress 函数的效果最终就是植入到这个异步任务实例的 onProgressUpdate 函数中，就可以把这个进度值以广播的形式(sendBroadcast)发送出去，这里的进度值就定义为当前计数服务的计数值。

当 MainActivity 调用计数器服务接口的 stopCounter 函数时，会告诉函数 doInBackground 停止执行计数(stop = true)，于是，函数 doInBackground 就退出计数循环，然后将最终计数结果返回，返回的结果最后进入到 onPostExecute 函数中，这个函数同样通过广播的形式(sendBroadcast)把这个计数结果广播出去。

4. activity_main.xml 清单分析

activity_main.xml 是布局文件，定义了一个 TextView 和两个按钮。TextView 显示计数值，两个按钮分别用于启动和停止计数。

5. string.xml 清单分析

string.xml 定义了字符串资源文件。

6. AndroidManifest.xml 清单分析

AndroidManifest.xml 中完成了 Service 的声明。

程序运行后的界面如图 4-3-1 所示，有两个按钮：一个用于启动计数，另一个用于停止计数。此外，还有一个计数值。

启动后，通过图 4-3-2 的 LogCat 信息可以看到，创建了计数服务器，然后连接到服务器上。

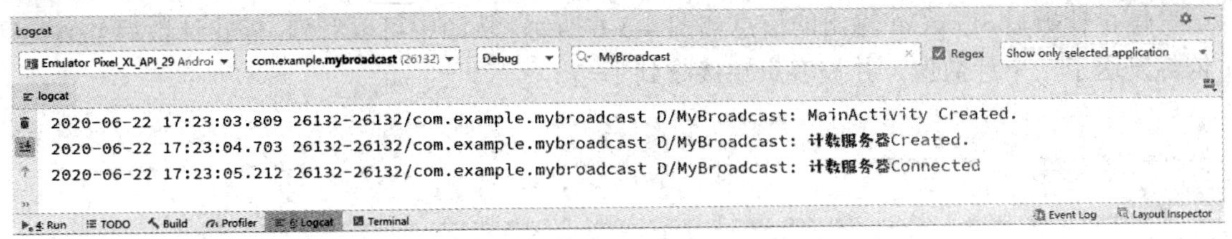

图 4-3-2　启动后 LogCat 信息

单击“开始计数”启动计数程序，获得返回的计数值，如图 4-3-3 所示。

图 4-3-3　运行界面

运行时的 LogCat 信息如图 4-3-4 所示，COUNTER 的数值在不断变化，LogCat 也在不断地输出提示信息。

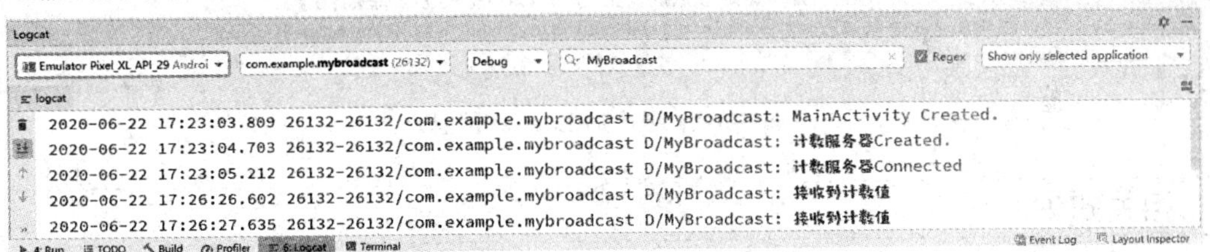

图 4-3-4　运行中的 LogCat 信息

点击“停止计数”按钮停止计数后，计数值保持不变，如图 4-3-5 所示。

图 4-3-5　停止界面

停止计数后，LogCat 输出的信息如图 4-3-6 所示。从图中可以看到，停止计数后 Service 依然发送了一个计数值，并被客户端接收到了。

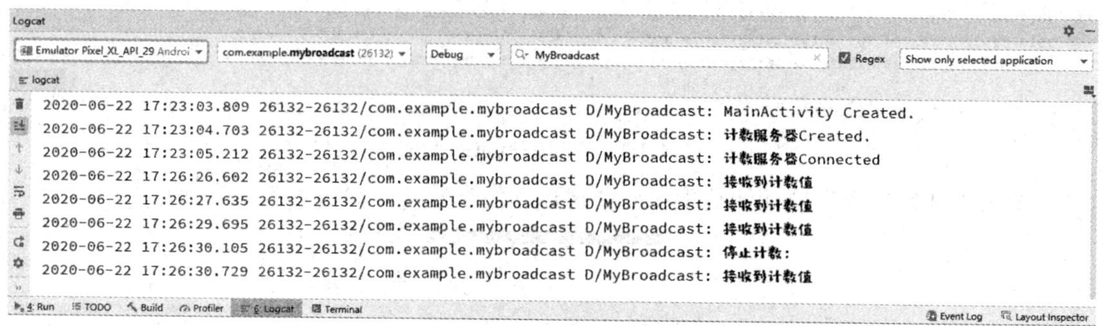

图 4-3-6　停止后 LogCat 信息

若退出 App，LogCat 输出的信息如图 4-3-7 所示，从图中可以看到，当 App 退出后，Service 也被销毁了。

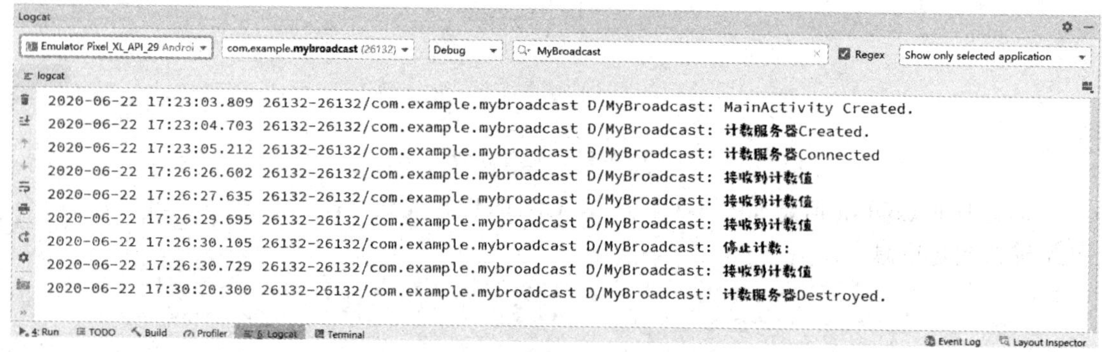

图 4-3-7　退出后 LogCat 信息

◆ 相关知识

Broadcast 是 Android 四大组件之一，也是一种广泛运用在应用程序之间传输信息的机制，Android 发送的广播内容是一个 Intent，这个 Intent 中可以携带要发送的数据。

Android 广播分为两个方面：广播发送者和广播接收者，通常情况下，BroadcastReceiver 指的就是广播接收者(广播接收器)。

广播作为 Android 组件间的通信方式，可以使用的场景如下：

(1) 同一 App 内有多个进程的不同组件之间的消息通信。

(2) 不同 App 组件之间消息的通信。

从实现原理看上，Android 中的广播使用基于消息的发布/订阅事件模型。因此，从实现的角度来看，Android 中的广播将广播的发送者和接受者极大程度上解耦，使得系统方便集成，更易扩展。

广播被分为两种不同的类型：无序广播(Normal broadcasts)和有序广播(Ordered broadcasts)。

无序广播是完全异步的，可以在同一时刻(逻辑上)被所有广播接收者接收到，消息传递的效率比较高，但缺点是接收者不能将处理结果传递给下一个接收者，并且无法终止广播 Intent 的传播。

有序广播是按照接收者声明的优先级别(声明在 intent-filter 元素的 android:priority 属性中，数越大优先级别越高，取值范围：–1000 到 1000。也可以调用 IntentFilter 对象的 setPriority()进行设置)依次接收的广播。如：A 的级别高于 B，B 的级别高于 C，那么，广播先传给 A，再传给 B，最后传给 C。A 得到广播后，可以往广播里存入数据，当广播传给 B 时，B 可以从广播中得到 A 存入的数据。

无序广播使用 Context.sendBroadcast()方法发送，所有订阅者都有机会获得并进行处理。

有序广播使用 Context.sendOrderedBroadcast()发送，系统会根据接收者声明的优先级别按顺序逐个执行接收者，前面的接收者有权终止广播，如果广播被前面的接收者终止，后面的接收者就无法获取到广播。前面的接收者可以将处理结果存放进广播 Intent，然后传给下一个接收者。

广播接收者(BroadcastReceiver)用于接收广播 Intent，广播 Intent 的发送是通过调用 Context.sendBroadcast()、Context.sendOrderedBroadcast()来实现的。通常一个广播的 Intent 可以被订阅了此 Intent 的多个广播接收者所接收。要实现一个广播接收者的方法有以下两步。

第一步：定义广播接收者，继承 BroadcastReceiver，并重写 onReceive()方法。

```
public class IncomingSMSReceiver extendsBroadcastReceiver {
        @Override public void onReceive(Contextcontext, Intentintent) {
        }
}

```

第二步：订阅感兴趣的广播 Intent。订阅方法有两种：

(1) 使用代码进行订阅(动态订阅)。

```
IntentFilter filter = newIntentFilter("android.provider.Telephony.SMS_RECEIVED");
IncomingSMSReceiver receiver = newIncomingSMSReceiver();
registerReceiver(receiver, filter);
```

(2) 在 AndroidManifest.xml 文件中的<application>节点里进行订阅(静态订阅)。

```
<receiver android:name=".IncomingSMSReceiver">
    <intent-filter>
        <action android:name="android.provider.Telephony.SMS_RECEIVED"/>
    </intent-filter>
</receiver>
```

动态广播订阅和静态广播订阅的区别如下：

静态订阅广播又叫常驻型广播，当应用程序关闭了，如果有广播信息来，广播接收器同样能接收到，注册方式是在应用程序中的 AndroidManifast.xml 进行订阅的。

动态订阅广播又叫非常驻型广播，当应用程序结束了，广播也就没有了，在 activity 中的 onCreate 或者 onResume 中订阅广播，同时必须在 onDestory 或者 onPause 中取消广播订阅，不然会报异常。

在发送广播时需要注意的是动态注册要使用隐式 Intent 方式，所以也需要使用隐式

Intent 去发送，不然广播接收者是接收不到的。但是静态订阅的时候，因为是在AndroidMainfest.xml 中订阅的，所以在发送广播时使用显示 Intent 和隐式 Intent 都可以(当然这只针对于自定义的广播接收者)，为了以防万一，一般都采用隐式 Intent 去发送广播。

Android 3.1 开始在系统 Intent 与广播相关的 flag 中增加了参数，分别是 FLAG_INCLUDE_ STOPPED_PACKAGES(包含已经停止的包)和 FLAG_EXCLUDE_STOPPED_PACKAGES (不包含已经停止的包)。自 Android 3.1 开始，系统本身则增加了对所有 App 当前是否处于运行状态的跟踪。在发送广播时，不管是什么广播类型，系统默认直接增加了值为 FLAG_EXCLUDE_STOPPED_PACKAGES 的 flag，导致即使是静态注册的广播接收器，对于其所在进程已经退出的 App，同样无法接收到广播。

因此，对于系统广播，由于是系统内部直接发出，无法更改此 intent flag 值，所以，3.1 版静态注册的接收系统广播的 BroadcastReceiver，如果 App 进程已经退出，将不能接收到广播。

但是对于自定义的广播，可以通过复写此 flag 为 FLAG_INCLUDE_STOPPED_PACKAGES，使得静态注册的 BroadcastReceiver 在 App 进程已经退出时也能接收到广播，并启动应用进程，但此时的 BroadcastReceiver 是重新新建的。

```
Intent intent = new Intent();
intent.setAction(BROADCAST_ACTION);
intent.addFlags(Intent.FLAG_INCLUDE_STOPPED_PACKAGES);
intent.putExtra("name", "qqyumidi");
sendBroadcast(intent);
```

使用广播有以下两个步骤。

第一步：广播的接收者需要通过调用 registerReceiver 函数告诉系统，它对什么样的广播有兴趣，即指定 IntentFilter，并且向系统注册广播接收器，即指定 BroadcastReceiver。

```
IntentFilter counterActionFilter = new IntentFilter(
CounterService.BROADCAST_COUNTER_ACTION);
registerReceiver(counterActionReceiver, counterActionFilter);
```

这里，指定感兴趣的广播就是 CounterService.BROADCAST_COUNTER_ACTION 了，而指定的广播接收器就是 counterActonReceiver，它是一个 BroadcastReceiver 类型的实例。

第二步：广播的发送者通过调用 sendBroadcast 函数来发送一个指定的广播，并且可以指定广播的相关参数。

```
Intent intent = new Intent(BROADCAST_COUNTER_ACTION);
intent.putExtra(COUNTER_VALUE, counter);
sendBroadcast(intent) ;
```

指定的广播为 CounterService.BROADCAST_COUNTER_ACTION，并且附带的参数为当前的计数器值 counter。调用了 sendBroadcast 函数之后，所有注册了 CounterService.BROADCAST_COUNTER_ACTION 广播的接收者便可以收到这个广播了。

在第一步中，广播的接收者把广播接收器注册到 ActivityManagerService 中；在第二步中，广播的发送者同样是把广播发送到 ActivityManagerService 中，由 ActivityManagerService 去查找注册了这个广播的接收者，然后把广播分发给它们。

第二步的分发的过程，其实就是把这个广播转换成一个消息，然后放入到接收器所在的线程消息队列中去，最后就可以在消息循环中调用接收器的 onReceive 函数了。这里有一个要非常注意的地方，由于 ActivityManagerService 是把这个广播放进接收器所在的线程消息队列后就返回了，它不关心这个消息什么时候会被处理，因此，对广播的处理是异步的，即调用 sendBroadcast 时，这个函数不会等待广播被处理完后才返回。

4.4　综 合 案 例

◆　任务目标

设计一个带进度条的 Notification，利用 DownloadService 下载，然后在 Notification 中显示下载进度

◆　实施步骤

步骤 1：新建一个 Module，命名为 Ex4_4_1，其它默认设置。

步骤 2：修改 MainActivity.java。清单如下：

```
package com.example. ex4_4_1;

import android.app.NotificationManager;
import android.content.Intent;
import android.support.v7.app.AppCompatActivity;
import android.os.Bundle;
import android.view.View;

public class MainActivity extends AppCompatActivity {

    public static final int TYPE_Progress = 1;

    private Intent service;
    @Override
    protected void onCreate(Bundle savedInstanceState) {
        super.onCreate(savedInstanceState);
        setContentView(R.layout.activity_main);

        service = new Intent(this,DownloadService.class);
    }

```

```

        public void onClick(View v){
            switch (v.getId()){
                case R.id.btn1:
                    startService(service);
                    break;
                default:
                    break;
            }
        }

    }
```

步骤 3：写一个 Service 完成下载任务，并向 Notification 传递下载进度，Service 功能在 DownloadService.java 中。清单如下：

```
package com.example.ex4_4_1;

import android.app.Notification;
import android.app.NotificationManager;

import android.app.Service;
import android.content.Intent;
import android.graphics.BitmapFactory;
import android.os.Handler;
import android.os.IBinder;
import androidx.core.app.NotificationCompat;


public class DownloadService extends Service {
    private Handler mHandler;
    private int progress = 0;
    private NotificationManager manger;
    private Runnable runnable;
    @Override
    public IBinder onBind(Intent intent) {
        // TODO: Return the communication channel to the service.
        throw new UnsupportedOperationException("Not yet implemented");
    }

```

```
    @Override
    public void onCreate() {
        super.onCreate();
        mHandler = new Handler(getMainLooper());
        manger = (NotificationManager) getSystemService(NOTIFICATION_SERVICE);
        runnable = new Runnable() {
            @Override
            public void run() {
                if(progress>99){
                    progress=0;
                    manger.cancel(MainActivity.TYPE_Progress);
                }else{
                    sendNotification();
                    progress++;
                    mHandler.postDelayed(runnable,500);
                }
            }
        };
    }

    @Override
    public int onStartCommand(Intent intent, int flags, int startId) {
        if(intent==null){
            return super.onStartCommand(intent, flags, startId);
        }
        int command = intent.getIntExtra("command",0);
        if(command==1){
            progress=0;
            mHandler.removeCallbacks(runnable);
            manger.cancel(MainActivity.TYPE_Progress);
        }else {
            if (progress < 1) {
                mHandler.post(runnable);
            }
        }
        return super.onStartCommand(intent, flags, startId);
    }

    private void sendNotification(){
```

```

        NotificationManager manager = (NotificationManager) getSystemService
                                    (Context.NOTIFICATION_SERVICE);
        NotificationCompat.Builder builder ;
        int channelId = 1 ;
        if (Build.VERSION.SDK_INT >= Build.VERSION_CODES.O){       //Android 8.0 适配
            NotificationChannel channel = new NotificationChannel
                                (String.valueOf(channelId), "channel_name",
                    NotificationManager.IMPORTANCE_HIGH);
            manager.createNotificationChannel(channel);
            builder = new NotificationCompat.Builder(this,String.valueOf(channelId));
        }else{
            builder = new NotificationCompat.Builder(this);
        }
        builder.setSmallIcon(R.mipmap.ic_launcher);
        builder.setLargeIcon(BitmapFactory.decodeResource
                        (getResources(),R.drawable.push));
        //禁止用户点击删除按钮删除
        builder.setAutoCancel(false);
        //禁止滑动删除
        builder.setOngoing(true);
        builder.setShowWhen(false);
        builder.setContentTitle("下载中..."+progress+"%");
        builder.setProgress(100,progress,false);

        builder.setOngoing(true);
        builder.setShowWhen(false);
        Intent intent = new Intent(this,DownloadService.class);
        intent.putExtra("command",1);
        Notification notification = builder.build();
        manger.notify(MainActivity.TYPE_Progress,notification);

    }

    @Override
    public void onDestroy() {
        mHandler.removeCallbacks(runnable);
        manger.cancel(MainActivity.TYPE_Progress);
        super.onDestroy();
```

```
        }
}
```

步骤 4：修改布局文件 activity_main.xml，该布局只有一个按钮，点击后开始下载进度。清单如下：

```
<?xml version="1.0" encoding="utf-8"?>
<LinearLayout
    xmlns:android="http://schemas.android.com/apk/res/android"
    xmlns:tools="http://schemas.android.com/tools"
    android:layout_width="match_parent"
    android:layout_height="match_parent"
    android:orientation="vertical"
    tools:context="com.example.download.MainActivity">


    <Button android:id="@+id/btn1"
        android:onClick="onClick"
        android:text="下载"
        android:layout_width="match_parent"
        android:layout_height="wrap_content"
        android:textSize="30sp"
        />

</LinearLayout>
```

步骤 5：要启用 Service，必须向系统声明该 Service，需要在 AndroidManifest.xml 中注册 Service 。清单如下：

```
<service
            android:name=".DownloadService"
            android:enabled="true"
            android:exported="true" />
```

步骤 6：在手机上运行并观察效果。

◆ 案例分析

1. MainActivity.java 清单分析

行 11：定义常量，作为 DownloadService 标识。这个标识会在 DownloadService.java 文件中使用。

行 13：定义一个 Intent 常量 service，利用该 Intent 启动 DownloadService。

行 19：对 Intent 常量 service 赋值，关联 DownloadService。

行 23～31：处理按钮，当按下“下载”按钮后，启动服务。

2. DownloadService.java 清单分析

行 16：定义进度条百分比数值 progress。

行 26～43：重写 onCreate()，在 runnable 中对 progress 进行修改，当 progress 超过 99%时清零 progress 并清除 Notification，否则就执行 sendNotification()，把 progress 自增 1，用 mHandler 实现延时。

行 46～61：onStartCommand()方法，告诉系统如何重启服务，如判断是否异常终止后重新启动，在何种情况下异常终止。

行 63～96：sendNotification()方法。在该方法中，设置带进度条的 Notification 的各种参数，启动该 Notification。

行 98～104：重写 onDestroy()方法，注销 Service。

3. activity_main.xml 清单分析

activity_main.xml 文件只设置了一个 Button，点击后启动下载进度条。

4. AndroidManifest.xml 清单分析

AndroidManifest.xml 用于向系统注册 DownloadService。

该程序启动后初始界面如图 4-4-1 所示，点击“下载”按钮后启动下载，并在 Notification 中显示下载进度，如图 4-4-2 所示。

图 4-4-1　启动界面

图 4-4-2　下载进度

4.5　实　训

开发音乐播放器。

实训目的

(1) 掌握 Service 的设计及实现方法。

(2) 掌握 Activity 和 Service 的混合使用方法。

(3) 掌握 BroadcastReceiver 接收消息的方法。

实训步骤

(1) 设计界面，要求界面有两个按钮，分别用于播放/暂停、停止，另外还有两个文本框，用于显示正在播放的歌曲名和歌手名。

(2) 写一个 Service，用于播放音乐，当播放状态发生改变时，程序通过发送 Broadcast 来通知前台 Activity 更新界面。

(3) 编写前台 Activity，当用户单击前台 Activity 的界面按钮时，系统通过发送 Broadcast 通知后台 Service 改变播放状态。

本 章 小 结

本章讲解了通知(Notification)、服务(Service)和广播(Broadcast)的使用。通知(Notification)是一种具有全局效果的通知，可以在系统的通知栏中显示。而 Service 则一直在后台运行，没有用户界面，Service 需要跟 Activity 进行数据交互才能显示其数据或者结果。Broadcast 是四大组件之一，是在应用程序之间传输信息的一种机制，Android 中发送的广播内容是一个 Intent，这个 Intent 中可以携带要发送的数据。这三者都有相关的方法和属性，也有它们独特的使用场合，需要结合实际情况灵活使用。

本 章 习 题

1. 通知(Notification)有什么作用？发送通知(Notification)的步骤是什么？
2. 简要叙述 Service 的生命周期。
3. 简要叙述 Service、bindService 各自的作用和使用场合。
4. 简要叙述 Broadcast 发送和接收的过程。

第 5 章　传　感　器

✧ 教学导航

教学目标	(1) 了解传感器的基本概念； (2) 掌握 Sensor、SensorManager 的常用属性和方法； (3) 掌握传感器的使用步骤
单词	Sensor　Accelerometer　Accuracy　Delay

5.1　传　感　器

◆ 任务目标

测量当前位置的重力加速度，如图 5-1-1 所示。

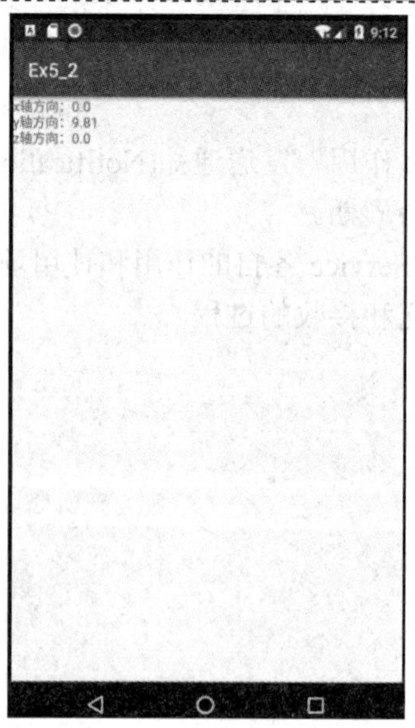

图 5-1-1　测量重力加速度

◆ 实施步骤

步骤 1：新建一个 Module，命名为 Ex5_1_1。布局文件仅有一个 TextView，比较简单，清单略。

步骤 2：修改 MainActivity.java。清单如下：

```
package com.example.book.ex5_1_1;

import android.hardware.Sensor;
import android.hardware.SensorEvent;
import android.hardware.SensorEventListener;
import android.hardware.SensorManager;
import androidx.appcompat.app.AppCompatActivity;
import android.os.Bundle;
import android.widget.TextView;

public class MainActivity extends AppCompatActivity {

    private SensorManager manager;
    private Sensor mAccelerometer;
    TextView textView;
    @Override
    protected void onCreate(Bundle savedInstanceState) {
        super.onCreate(savedInstanceState);
        setContentView(R.layout.activity_main);
        manager = (SensorManager) getSystemService(SENSOR_SERVICE);
        mAccelerometer = manager.getDefaultSensor(
                Sensor.TYPE_ACCELEROMETER);
        textView = (TextView) findViewById(R.id.textView);
    }

    private SensorEventListener listener = new SensorEventListener() {
        //传感器的值发生变化，如温度传感器检测到温度发生变化，则调用此方法

        @Override
        public void onSensorChanged(SensorEvent event) {
            String show = "";
            show = show + "x 轴方向：" +
                    event.values[SensorManager.DATA_X];
```

```
34                  show = show + "\ny 轴方向：" +
35                          event.values[SensorManager.DATA_Y];
36                  show = show + "\nz 轴方向：" +
37                          event.values[SensorManager.DATA_Z];
38                  textView.setText(show);
39              }
40
41              //传感器精度发生变化时调用。除非传感器精度出现损坏或者其它特殊情况
42              //否则很少会发生测量精度变化，所以该方法使用较少
43
44              @Override
45              public void onAccuracyChanged(Sensor sensor, int accuracy) {
46
47              }
48          };
49
50          @Override
51          protected void onResume() {
52              super.onResume();
53              manager.registerListener(listener, mAccelerometer,
54      SensorManager.SENSOR_DELAY_NORMAL);
55
56          }
57
58          //回收资源
59          @Override
60          protected   void onStop(){
61              manager.unregisterListener(listener);
62              super.onStop();
63          }
64      }
```

◆ 案例分析

行 13：创建一个传感器的管理器实例。SensorManager 管理着传感器。

行 14：创建一个加速度传感器实例。该传感器可以测量物理意义上的加速度，如重力加速度。

行 20：获取传感器服务。

行 21～22：通过传感器 ID 返回传感器。Sensor 类中定义了很多传感器，这里列出部

分传感器 ID：

(1) SENSOR_TYPE_ACCELEROMETER：加速度传感器。

(2) SENSOR_TYPE_MAGNETIC_FIELD：磁力传感器。

(3) SENSOR_TYPE_ORIENTATION：方向传感器。

(4) SENSOR_TYPE_GYROSCOPE：陀螺仪传感器。

(5) SENSOR_TYPE_LIGHT：光线感应传感器。

(6) SENSOR_TYPE_PRESSURE：压力传感器。

(7) SENSOR_TYPE_TEMPERATURE：温度传感器。

(8) SENSOR_TYPE_PROXIMITY：接近传感器。

(9) SENSOR_TYPE_GRAVITY：重力传感器。

(10) SENSOR_TYPE_LINEAR_ACCELERATION：线性加速度传感器。

(11) SENSOR_TYPE_ROTATION_VECTOR：旋转矢量传感器。

实际上，手机厂商可能还会自己添加一些新型传感器。

行 26：创建一个传感器事件监听器。该监听器在行 53 中被注册到 mAccelerometer 上，用于监听加速度。

行 30～39：用于说明当传感器检测到数据发生变化时该如何响应。

行 53：将监听器注册到传感器上，并指定采样频率。格式如下：

boolean registerListener(SensorEventListener listener, Sensor sensor, int rateUs)

其中，参数 listener 为传感器的监听器；参数 sensor 为待监听的传感器；参数 rateUs 为传感器的采样率，表示从传感器获取值的频率。rateUs 被定义在 SensorManager 中，为了方便直接使用，它定义了如下选项：

(1) SensorManager.SENSOR_DELAY_FASTEST：最快，延迟最小。

(2) SensorManager.SENSOR_DELAY_GAME：适合游戏的频率。

(3) SensorManager.SENSOR_DELAY_NORMAL：正常频率。

(4) SensorManager.SENSOR_DELAY_UI：适合普通用户界面 UI 变化的频率。

选择哪种采样率要参照所开发应用的情况，采样率越大，耗费资源(包括电量、CPU 等)越多。

行 60～61：当 Activity 不在前台时，注销传感器监听，避免浪费资源。

◆ 相关知识

1. SensorManager 类

下面介绍 SensorManager 类的主要方法。

(1) Sensor getDefaultSensor(int type)：获得给定类型的默认传感器。参数 type 表示所请求的传感器类型。

(2) List<Sensor> getSensorList(int type)：得到指定类型可用的传感器列表。

(3) boolean registerListener(SensorEventListener listener，Sensor sensor，int rate)：对某个给定的传感器注册传感事件监听器。如果注册成功，则返回 true，否则返回 false。参数 listener 表示一个 SensorEventListener 对象；参数 sensor 表示需要注册的传感器；参数 rate

表示传感器事件传送的速度，可以理解为采样率。

(4) boolean registerListener(SensorEventListener listener，Sensor sensor，int rate，Handler handler)：对某个给定的传感器注册传感事件监听器。参数 handler 表示传感器事件被传递给的 Handler 对象。

(5) void unregisterListener(SensorEventListener listener，Sensor sensor)：取消传感器监听器的注册。参数 listener 表示监听器；参数 sensor 表示需要取消注册的传感器。

(6) void unregisterListener(SensorEventListener listener)：取消所有与该监听器有关的传感器的监听。

2. Sensor 类

Sensor 类中含有大量与传感器属性相关的方法和属性，这里仅列出有代表性的几个。

(1) int TYPE_LIGHT：表示光线传感器。

(2) int TYPE_LINEAR_ACCELERATION：表示线性加速器。

(3) int TYPE_GRAVITY：表示重力传感器。

(4) float getMaximumRange()：获取最大取值范围。

(5) String getName()：获取设备名称。

(6) int getType()：获取传感器类型。

3. SensorEventListener 接口

SensorEventListener 是一个接口，当传感器的数值发生变化时，该接口被用来接收来自 SensorManager 的通知。

SensorManager 的 registerListener 和 unregisterListener 方法都使用了 SensorEventListener 对象作参数。要实现 SensorEventListener 接口，必须采用如下两个方法：

1) public void onSensorChanged(SensorEvent event)方法

该方法表示当传感器检测到值发生变化时要做什么。其参数 event 获取当前监听事件的参数，用于表示传感器的事件、类型、时间戳和精度等信息。由于不同的传感器得到数据的数量各不相同，可能是多个，所以 event.values 是一个 float 数组，用于存放传感器返回的值。如果只有 1 个值，就用 event.values[0]。

2) onAccuracyChanged(Sensor sensor，int accuracy)方法

当传感器的精度发生变化时自动调用该方法。其中，参数 sensor 表示发生精度变化的传感器；参数 accuracy 表示传感器的新的精度值。

4. 传感器应用步骤

开发一个支持传感器的应用十分简单，开发人员只要在传感器管理器 SensorManager 中为所要监听的传感器指定一个监听器即可，当外部环境发生变化的时候，Android 系统会通过传感器获取外部环境的数据，然后将数据传递给监听器。具体步骤如下：

(1) 获取传感器服务。

(2) 从传感器服务中获取指定类型的传感器。

(3) 使用传感器服务添加传感器的监听器(通常在 Activity 的 onResume 中)，此时 Activity 置顶可见。

(4) 在使用完之后，注销传感器的监听器(通常在 Activity 生命周期的 onStop 或者 onDestory 中)。

访问传感器很简单，但是在实际开发应用时往往需要物理、数学等其它科目的知识。例如，根据传感器判定人是否在跑步，这种计算就非常复杂，而且不是百分之百有效。用户使用的手机在走路比较平稳时就不能准确测得步数。

◆ 任务目标

根据光线传感器改变手机背景颜色。当光线比较暗的时候，背景色变深。

◆ 实施步骤

步骤1：新建一个 Module，命名为 Ex5_1_2。

步骤2：修改布局文件。清单如下：

```
<?xml version="1.0" encoding="utf-8"?>
<LinearLayout xmlns:android="http://schemas.android.com/apk/res/android"
    xmlns:tools="http://schemas.android.com/tools"
    android:id="@+id/linearLayout"
    android:layout_width="match_parent"
    android:layout_height="match_parent"
    tools:background="@android:color/background_light"
    tools:context=".MainActivity">

    <TextView
        android:id="@+id/tv"
        android:textColor="#ff0000"
        android:layout_width="wrap_content"
        android:layout_height="wrap_content"
        android:text="TextView" />
</LinearLayout>
```

步骤3：修改 MainActivity 类。清单如下：

```
package com.example.book.ex5_1_2;

import android.content.Context;
import android.graphics.Color;
import android.hardware.Sensor;
import android.hardware.SensorEvent;
import android.hardware.SensorManager;
import android.hardware.SensorEventListener;
import androidx.appcompat.app.AppCompatActivity;
```

```
import android.os.Bundle;
import android.widget.LinearLayout;
import android.widget.TextView;

public class MainActivity extends AppCompatActivity implements SensorEventListener {
    private SensorManager mSensorManager;
    private TextView textView;
    private Sensor mLight;
    float max, current;
    private LinearLayout linearLayout;

    @Override
    public void onCreate(Bundle savedInstanceState) {
        super.onCreate(savedInstanceState);
        setContentView(R.layout.activity_main);
        textView = findViewById(R.id.tv);
        linearLayout = (LinearLayout) findViewById(R.id.linearLayout);

        // 获取传感器管理者对象
        mSensorManager = (SensorManager) getSystemService(Context.SENSOR_SERVICE);
        // 获取光线传感器对象
        mLight = mSensorManager.getDefaultSensor(Sensor.TYPE_LIGHT);
    }

    @Override
    public void onSensorChanged(SensorEvent sensorEvent) {
        String s = "";
        max = mLight.getMaximumRange();
        s = s + " \n 可以测量的最大亮度值  = " + max;
        current = sensorEvent.values[0];
        s = s + "\n 当前亮度=" + current;
        if (current > 1000) {
            current = 1000;
        }
        linearLayout.setBackgroundColor(Color.rgb(
                (int) (255 * current / 1000),
                (int) (255 * current / 1000),
                (int) (255 * current / 1000)));
        textView.setText(s);
```

```
    }

    @Override
    public void onAccuracyChanged(Sensor sensor, int i) {

    }

    @Override
    protected void onResume() {
        super.onResume();
        //最快刷新速度
        mSensorManager.registerListener(this, mLight,
                SensorManager.SENSOR_DELAY_FASTEST);
    }

    @Override
    protected void onStop() {
        //释放资源
        mSensorManager.unregisterListener(this);
        super.onStop();
    }
}
```

步骤 4：在手机上运行并观察效果。

5.2 综合案例

◆ 任务目标

编写一个应用，打开该应用后，如果移动该手机，则使用 Toast 报警。

◆ 实施步骤

步骤 1：创建 Module，命名为 Ex5_2_1。

步骤 2：在布局文件上添加一个 TextView，设置 id 为 tvAlarm。清单略。

步骤 3：修改 MainActivity.java。代码清单如下：

```
package com.example.ex5_2_1;

import android.hardware.Sensor;
import android.hardware.SensorEvent;
```

```
import android.hardware.SensorEventListener;
import android.hardware.SensorManager;
import androidx.appcompat.app.AppCompatActivity;
import android.os.Bundle;
import android.util.Log;
import android.widget.TextView;
import android.widget.Toast;

public class MainActivity extends AppCompatActivity {

    SensorManager manager;
    Sensor mAccerometer;
    TextView tvAlarm;
    //存放初始值和当前值。
    private float[] slient = new float[3];
    private float[] current = new float[3];
    //表示在手机静止之前等待的时间
    private static int iWait = 0;
    //移动精度
    private float accuracy = 0.5f;
    //是否在移动
    private boolean isMoving = false;

    @Override
    protected void onCreate(Bundle savedInstanceState) {
        super.onCreate(savedInstanceState);
        setContentView(R.layout.activity_main);
        tvAlarm = (TextView) findViewById(R.id.tvAlarm);

        manager = (SensorManager) getSystemService(SENSOR_SERVICE);
        mAccerometer = manager.getDefaultSensor(
                Sensor.TYPE_ACCELEROMETER);
    }

    @Override
    protected void onResume() {
        super.onResume();
        Log.i("test", "into resume");
        iWait = 0;
```

```
        manager.registerListener(listener, mAccerometer,
                SensorManager.SENSOR_DELAY_NORMAL);
    }

    @Override
    protected void onStop() {
        manager.unregisterListener(listener);
        super.onStop();
    }

    SensorEventListener listener = new SensorEventListener() {
        @Override
        public void onSensorChanged(SensorEvent event) {
            iWait++;
            //当前值
            current[0] = event.values[0];
            current[1] = event.values[1];
            current[2] = event.values[2];
            String s = "";
            //给用户一点时间放手机，iWait=10 的时候为初始化状态
            if (iWait <= 20) {
                s = s + "init   : waiting ...,iWait=" + iWait + "\n";
                //初始值。
                slient[0] = event.values[0];
                slient[1] = event.values[1];
                slient[2] = event.values[2];
            } else {
                for (int i = 0; i < slient.length; i++) {
                    if (Math.abs(slient[i] - current[i]) > accuracy) {
                        Log.i("test", slient[i] + "..." + current[i]);
                        isMoving = true;
                        if (isMoving) {
                            alarm();
                        }
                    }
                }
            }

            s = "\n iWait = " + iWait;
```

```
83                      s = s + "\nx=" + current[0];
84                      s = s + "\ny=" + current[1];
85                      s = s + "\nz=" + current[2];
86
87                      tvAlarm.setText(s);
88                  }
89
90                  @Override
91                  public void onAccuracyChanged(Sensor sensor, int accuracy) {
92
93                  }
94              };
95
96              /**
97               * 报警
98               */
99              private void alarm() {
100                 Log.i("test", " 手机被移动...报警中...");
101                 Toast.makeText(MainActivity.this, "响铃中...",
102                         Toast.LENGTH_SHORT).show();
103             }
104     }
```

步骤 4：在手机上测试运行并观察结果。

◆ 案例分析

本案例主要通过对手机移动时加速度传感器检测 3 个维度的加速度变化进行感应，无论手机怎么移动，至少有一个维度的加速度有明显改变，精度可以通过对阈值设置进行控制。需要注意的是如何保存初始值(即手机开始静止时的加速度值)。

行 22、64：用户打开该应用可能有一个过程，这里用 iWait 来控制，以避免刚刚打开就报警。

行 99～104：用于提醒机主。感兴趣的程序开发员可以在这里添加报警铃声。

5.3 实　　训

编写一个应用，实现摇一摇手机就出现一个随机数。

实训目的

掌握使用传感器的步骤。

实训步骤

(1) 在布局界面添加显示控件。

(2) 注册使用加速度传感器(或其它传感器)。

(3) 在 onSensorChanged 中添加相应的处理过程。

(4) 注销传感器监听器。

本 章 小 结

本章介绍了如何使用传感器进行开发应用。传感器的获取和使用比较简单，复杂的是如何利用传感器的值开发实际应用，这需要一定的物理、数学或者化学等学科的知识。

本 章 习 题

1. 为传感器注册监听器使用什么方法？
2. 列出 5 种以上传感器 ID。
3. SensorEventListener 接口中需要实现的方法有哪些？各自的作用是什么？
4. 简述使用传感器的步骤。

第 6 章　音频与视频

✧ 教学导航

教学目标	(1) 掌握使用进度条控件 ProgressBar； (2) 掌握使用文件管理器对文件进行管理； (3) 掌握使用 MediaPlayer 播放音频； (4) 掌握使用 MediaPlayer 播放视频
单词	ProgressBar、File Manager、MediaPlayer、Audio、Video

6.1　使用进度条

◆ 任务目标

设计一个进度条界面，使该界面可以显示进度条及其进度。进度条界面运行效果如图 6-1-1 所示。

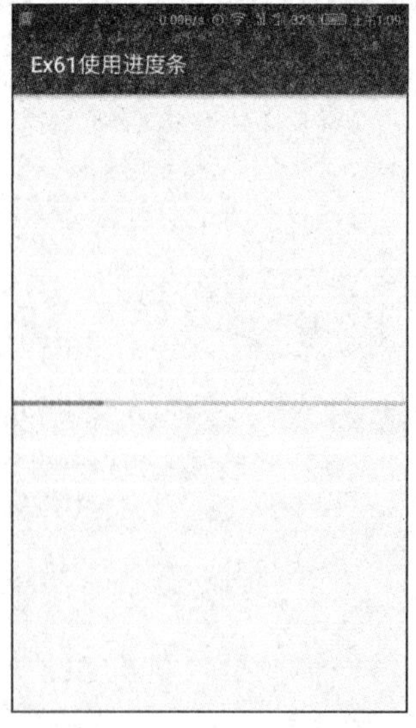

图 6-1-1　进度条界面运行效果图

◆ 实施步骤

步骤 1：点击菜单【File】，选择【new】|【new module】新建一个 Module，命名为 Ex6_1_1，其它默认设置。

步骤 2：在项目文件结构窗口进入 res|layout 目录，修改 activity_main.xml 布局文件。清单如下：

```
<?xml version="1.0" encoding="utf-8"?>
<RelativeLayout xmlns:android="http://schemas.android.com/apk/res/android"
    xmlns:app="http://schemas.android.com/apk/res-auto"
    xmlns:tools="http://schemas.android.com/tools"
    android:layout_width="match_parent"
    android:layout_height="match_parent"
    tools:context=".MainActivity">

    <ProgressBar
        android:id="@+id/Pb"
        android:layout_centerVertical="true"
        style="@style/Widget.AppCompat.ProgressBar.Horizontal"
        android:layout_width="match_parent"
        android:layout_height="wrap_content"
        android:max="100"
        android:progress="18" />

</RelativeLayout>
```

步骤 3：修改 MainActivity.java 文件。清单如下：

```
package com.example.ex61;

import androidx.appcompat.app.AppCompatActivity;
import android.os.Bundle;
import android.os.Handler;
import android.os.Message;
import android.widget.ProgressBar;

public class MainActivity extends AppCompatActivity {
    private int currentProgress = 0;
    private ProgressBar progressBar;
```

```
    private int maxProgress;

    private Handler mHandler = new Handler(){
        @Override
        public void handleMessage(Message msg){
            super.handleMessage(msg);
            switch (msg.what){
                case 0:
                    progressBar.setProgress(currentProgress);
                    break;
            }
        }
    };

    @Override
    protected void onCreate(Bundle savedInstanceState) {
        super.onCreate(savedInstanceState);
        setContentView(R.layout.activity_main);
        progressBar = findViewById(R.id.Pb);
        maxProgress = progressBar.getMax();
    }

    @Override
    protected void onStart() {
        super.onStart();
        new Thread(){
            @Override
            public void run(){
                try {
                    for (int i = 0; i <= 100; i++){

                        Thread.sleep(100);
                        currentProgress += 1;
                        if (currentProgress > maxProgress){
                            break;
                        }
                        mHandler.sendEmptyMessage(0);
                    }
```

```
50                          } catch (InterruptedException e) {
51                              e.printStackTrace();
52                          }
53                      }
54                  }.start();
55          }
56
57      }
```

◆ 案例分析

1. activity_main.xml 清单分析

行 2～18：设置整个界面布局是相对布局。

行 9～16：设置 ProgressBar 控件及其相关属性。

行 10：设置 ProgressBar 控件的 id 名为“Pb”。

行 12：设置 ProgressBar 控件以水平进度条的显示方式。

行 15：设置 ProgressBar 控件显示进度的最大值为 100。

行 16：设置 ProgressBar 控件显示的当前进度值为 18。

2. MainActivity.java 清单分析

行 10～12：定义 currentProgress、progressBar 和 maxProgress 这三种不同类型的全局变量。

行 14～24：通过 Handler 方法传递消息，当消息值为 0 时，设置进度条为当前进度值。

行 29：设置输出显示在名为“activity_main”的界面上。

行 30：通过 id 名找到名为“Pb”的控件并将其赋给名为“progressBar”的控件。

行 31：获取进度条的最大值并将其赋给名为“maxProgress”的控件。

行 40～49：通过线程调用，设置 i 的取值范围为 0 至 100，i 用于控制 progressBar 控件进度的取值范围，在 i 为 0 至 100 的取值范围之内，currentProgress 每循环 1 次加 1，如果 currentProgress 大于进度条的最大值 100，循环提前结束。循环结束的发送消息 0 调用 handler，将当前值输出显示在进度条的当前进度中。

行 50～52：异常处理。

◆ 相关知识

ProgressBar 进度条控件用于显示应用的进度，例如，当一个应用在后台执行时，前台界面就不会有什么信息，这种情况下用户根本不知道该应用程序是否在执行，也不知道执行进度如何，是否遇到异常错误而终止等。此时使用进度条控件来提示用户后台程序执行进度十分必要，对于界面的友好性也是非常重要的。

Android 系统库中提供了两种进度条样式，长形进度条和圆形进度条。ProgressBar 常用的 XML 属性和方法如表 6-1-1 所示。

表 6-1-1　ProgressBar 常用的 XML 属性和方法

方　法	说　明
android:progressBarStyle	默认进度条样式
android: progressBarStyleHorizontal	水平进度条样式
android: progressBarStyleLarge	圆形进度条样式，圆圈较大
android: progressBarStyleSmall	圆形进度条样式，圆圈较小
int getMax()	返回进度条的范围上限
int gerProgress()	返回进度条的当前进度
int getSecondaryProgress()	返回次要进度条的当前进度
void incrementProgressBy(int diff)	增加进度条进度
boolean isIndeterminate()	指示进度条是否在不确定模式下
void setIndeterminate(boolean indeterminate)	设置不确定模式
void setVisibility(int v)	设置该进度条是否可视

6.2　文件管理器

◆ 任务目标

设计一个文件管理器，能够实现对文件的管理。文件管理器运行效果如图 6-2-1 所示。

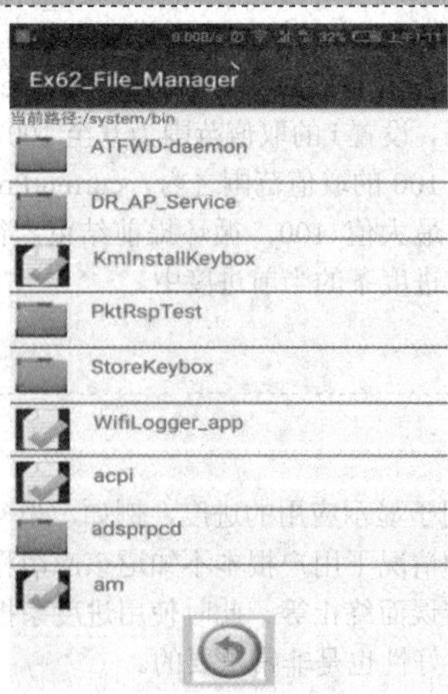

图 6-2-1　文件管理器运行效果图

◆ 实施步骤

步骤 1：点击菜单【File】，选择【new】|【new module】新建一个 Module，命名为 Ex6_2_1，其它默认设置。

步骤 2：在项目文件结构窗口进入 res|layout 目录，修改 activity_main.xml 布局文件。清单如下：

```
<?xml version="1.0" encoding="utf-8"?>
<RelativeLayout xmlns:android="http://schemas.android.com/apk/res/android"
    xmlns:app="http://schemas.android.com/apk/res-auto"
    xmlns:tools="http://schemas.android.com/tools"
    android:layout_width="match_parent"
    android:layout_height="match_parent"
    tools:context=".MainActivity">

    <TextView
        android:id="@+id/id_tv_filepath"
        android:layout_width="match_parent"
        android:layout_height="wrap_content"
        android:text="File Path:/mnt/sdcard/" />

    <ImageButton
        android:id="@+id/id_btn_back"
        android:layout_width="wrap_content"
        android:layout_height="wrap_content"
        android:src="@mipmap/back"
        android:layout_alignParentBottom="true"
        android:layout_centerHorizontal="true" />

    <ListView
        android:id="@+id/id_lv_file"
        android:layout_width="match_parent"
        android:layout_height="match_parent"
        android:layout_below="@id/id_tv_filepath"
        android:layout_above="@id/id_btn_back"
        android:divider="#000"
        android:dividerHeight="1dp"
        />

</RelativeLayout>
```

步骤3：在项目文件结构窗口进入res|layout目录，右键单击layout，选择【New】|【XML】|【Layout XML File】新建一个名称为item_file_explorer.xml的文件。清单如下：

```
<?xml version="1.0" encoding="utf-8"?>
<LinearLayout xmlns:android="http://schemas.android.com/apk/res/android"
    android:orientation="horizontal" android:layout_width="match_parent"
    android:layout_height="match_parent"
    android:padding="5dp">

    <ImageView
        android:id="@+id/item_icon"
        android:layout_width="wrap_content"
        android:layout_height="wrap_content"
        android:src="@mipmap/folder" />

    <TextView
        android:id="@+id/item_tv"
        android:layout_width="wrap_content"
        android:layout_height="wrap_content"
        android:textSize="18sp"
        android:layout_marginLeft="20dp"
        android:text="112333" />

</LinearLayout>
```

步骤4：修改MainActivity.java文件。清单如下：

```
package com.example.ex62_file_manager;

import androidx.appcompat.app.AppCompatActivity;
import android.os.Bundle;
import android.os.Environment;
import android.view.View;
import android.widget.AdapterView;
import android.widget.ImageButton;
import android.widget.ListView;
import android.widget.SimpleAdapter;
import android.widget.TextView;
import android.widget.Toast;
import java.io.File;
import java.util.ArrayList;
```

```
import java.util.HashMap;
import java.util.List;
import java.util.Map;

public class MainActivity extends AppCompatActivity {

    private TextView pathTv;
    private ImageButton backBtn;
    private ListView fileLv;
    private File currentParent;
    private File[] currentFiles;
    private File root;

    @Override
    protected void onCreate(Bundle savedInstanceState) {
        super.onCreate(savedInstanceState);
        setContentView(R.layout.activity_main);
        pathTv = (TextView)findViewById(R.id.id_tv_filepath);
        backBtn = (ImageButton)findViewById(R.id.id_btn_back);
        fileLv = (ListView)findViewById(R.id.id_lv_file);

        boolean                    isLoadSDCard                    =
 Environment.getExternalStorageState().equals(Environment.MEDIA_MOUNTED);
        if (isLoadSDCard) {
            root = Environment.getRootDirectory();
            currentParent = root;
            currentFiles = currentParent.listFiles();
            inflateListView(currentFiles);
        } else {
            Toast.makeText(MainActivity.this,"SD 卡没装载",Toast.LENGTH_SHORT).show();
        }
        setListener();
    }

    private void setListener() {
        fileLv.setOnItemClickListener(new AdapterView.OnItemClickListener(){
            @Override
            public void onItemClick(AdapterView<?> parent, View view, int position, long id) {
                if (currentFiles[position].isFile()) {
```

```
                        Toast.makeText(MainActivity.this,"无法打开文件",
    Toast.LENGTH_SHORT).show();
                        return;
                    }
                    File[] Temp = currentFiles[position].listFiles();
                    if (Temp == null||Temp.length == 0) {
                        Toast.makeText(MainActivity.this,"当前文件夹没有内容或者不能被访问
    ",Toast.LENGTH_SHORT).show();
                    }else {
                        currentParent = currentFiles[position];
                        currentFiles = Temp;
                        inflateListView(currentFiles);
                    }
                }
            });

            backBtn.setOnClickListener(new View.OnClickListener() {
                @Override
                public void onClick(View v) {
                    if (currentParent.getAbsolutePath().equals(root.getAbsolutePath())) {
                        MainActivity.this.finish();
                    } else {
                        currentParent = currentParent.getParentFile();
                        currentFiles = currentParent.listFiles();
                        inflateListView(currentFiles);
                    }
                }
            });
        }

        private void inflateListView(File[] currentFiles) {
            List<Map<String,Object>> list = new ArrayList<>();
            for (int i = 0; i< currentFiles.length; i++){
                Map<String,Object> map = new HashMap<>();
                map.put("filename",currentFiles[i].getName());
                if(currentFiles[i].isFile()){
                    map.put("icon",R.mipmap.file);
                } else {
                    map.put("icon",R.mipmap.folder);
```

```
93                  }
94                  list.add(map);
95              }
96
97              SimpleAdapter adapter = new SimpleAdapter(this, list, R.layout.item_file_explorer,
98                      new String[]{"filename", "icon"},
99                      new int[]{R.id.item_tv, R.id.item_icon});
100
101             fileLv.setAdapter(adapter);
102             pathTv.setText("当前路径:" + currentParent.getAbsolutePath());
103         }
104     }
```

◆ 案例分析

1. activity_main.xml 清单分析

行 2～33：设置整个界面布局为相对布局。

行 9～13：设置 TextView 控件及其相关属性，该控件的 id 名为“id_tv_filepath”，控件上所显示的文本信息是“File Path:/mnt/sdcard/”。

行 15～21：设置 ImageButton 控件及其相关属性，该控件的 id 名为“id_btn_back”。

行 24～32：设置 ListView 控件及其相关属性，该控件的 id 名为“id_lv_file”。

2. item_file_explorer.xml 清单分析

行 2～21：设置整个界面布局为线性布局。

行 7～11：设置 ImageView 控件及其相关属性，该控件的 id 名为“item_icon”。

行 13～19：设置 TextView 控件及其相关属性，该控件的 id 名为“item_tv”，控件上所显示的文本信息是“112333”。

3. MainActivity.java 清单分析

行 21～26：各类全局变量的定义。

行 31：设置输出显示在名为“activity_main”的界面上。

行 32：通过 id 名找到名为“id_tv_filepath”的控件并将其赋给名为“pathTv”的 TextView 控件。

行 33：通过 id 名找到名为“id_btn_back”的控件并将其赋给名为“backBtn”的 ImageButton 控件。

行 34：通过 id 名找到名为“id_lv_file”的控件并将其赋给名为“fileLv”的 ListView 控件。

行 36～45：判断 SD 卡是否装载，如果 SD 卡已装载可从 SD 卡读取文件，如果 SD 卡未装载采用 Toast 方式弹出提示信息“SD 卡没装载”。

行 46：调用 setListener 函数。

行 49～68：setListener 函数功能实现，如果所选择项不在当前文件中，则采用 Toast 方式弹出提示信息“无法打开文件”；如果所选择的文件为空或文件长度为 0，则采用 Toast 方式弹出提示信息“当前文件夹没有内容或者不能被访问”；如若文件能被正常访问，则将所访问的文件路径显示在名称为“InflateListView”的列表控件中。

行 70～81：在名为“backBtn”的控件上设置单击监听事件，如果当前路径和系统路径相同，则释放 MainActivity 的生命周期；否则获得当前文件的路径并将所访问的文件路径显示在名称为“InflateListView”的列表控件中。

行 84～95：添加文件和文件夹至名为“list”的列表控件中。

行 97～102：显示文件和文件夹名称、图标和当前路径在名为“pathTv”的文本控件中。

◆ 相关知识

Android 系统对 SD 卡的支持解决了内部存储空间小与存储文件大的矛盾，作为外部存储的主要设备，Android 系统中提供了很多方法用于支持 SD 卡的便捷访问，访问方式不同于内部存储，使用 SD 卡不用设置文件访问权限，不能设置访问模式。

在模拟器上添加 SD 卡，需要事先创建 SD 卡的映像文件，例如，创建一个 256MB 大小的 MYSD.IMG 映像文件，在 cmd 中使用命令：mksdcard -1MYSD 256M D:\MYSD.IMG

参数“–1”表示后面的字符串“MYSD”是 SD 卡的标签；参数“256M”表示 SD 卡的容量；参数“D:\MYSD.IMG”是 SD 卡映像文件路径。

Android 系统对资源文件的存储只是对原始格式文件和 XML 文件的访问，原始格式文件可以是任何格式，例如视频格式文件、音频格式文件、图像文件和数据文件等，在应用程序编译和打包时，/res/raw 目录下的所有文件都会保留原有格式不变。/res/xml 目录下的 XML 文件，一般用来保存格式化的数据，在应用程序编译和打包时会将 XML 文件转换为高效的二进制格式，应用程序运行时会以特殊的方式进行访问。

读取原始格式文件，一般通过调用 getResource()函数获得资源对象 Resources，然后通过调用资源对象的 openRawResource()函数，以二进制流的形式打开指定的原始格式文件，在读取文件结束后，调用 close()函数关闭文件流。

读取 XML 格式文件，一般通过调用资源对象 Resources 的 getXml()函数，获取到 XML 解析器 XmlPullParser，XmlPullParser 是 Android 平台标准的 XML 解析器，XmlPullParser 类实现了操作 XML 文件常用的方法。

6.3 播放音频

◆ 任务目标

设计一个音频播放界面，可以获取本地音频并播放。播放音频运行效果如图 6-3-1 所示。

图 6-3-1　播放音频运行效果图

◆ 实施步骤

步骤 1：点击菜单【File】，选择【new】|【new module】新建一个 Module，命名为 Ex6_3_1，其它默认设置。

步骤 2：在项目文件结构窗口进入 res|layout 目录，修改 activity_main.xml 布局文件。清单如下：

```
<?xml version="1.0" encoding="utf-8"?>
<RelativeLayout xmlns:android="http://schemas.android.com/apk/res/android"
    android:layout_width="match_parent"
    android:layout_height="match_parent"
    android:background="@mipmap/bg2">

    <RelativeLayout
        android:layout_width="match_parent"
        android:layout_height="70dp"
        android:layout_alignParentBottom="true"
        android:id="@+id/local_music_bottomlayout"
        android:background="#33EEEEEE">

        <ImageView
            android:layout_width="match_parent"
            android:layout_height="0.5dp"
```

```
            android:background="#9933FA"/>

        <ImageView
            android:layout_width="60dp"
            android:layout_height="60dp"
            android:src="@mipmap/icon_song"
            android:layout_centerVertical="true"
            android:background="@mipmap/a1"
            android:layout_marginLeft="10dp"
            android:id="@+id/local_music_bottom_iv_icon"/>

        <TextView
            android:id="@+id/local_music_bottom_tv_song"
            android:layout_width="wrap_content"
            android:layout_height="wrap_content"
            android:text=""
            android:layout_toRightOf="@id/local_music_bottom_iv_icon"
            android:layout_marginTop="10dp"
            android:layout_marginLeft="10dp"
            android:textSize="16sp"
            android:textStyle="bold"/>

        <TextView
            android:id="@+id/local_music_bottom_tv_singer"
            android:layout_width="wrap_content"
            android:layout_height="wrap_content"
            android:text=""
            android:textSize="12sp"
            android:layout_below="@id/local_music_bottom_tv_song"
            android:layout_alignLeft="@id/local_music_bottom_tv_song"
            android:layout_marginTop="10dp"/>

        <ImageView
            android:id="@+id/local_music_bottom_iv_next"
            android:layout_width="wrap_content"
            android:layout_height="wrap_content"
            android:layout_centerVertical="true"
            android:src="@mipmap/icon_next"
            android:layout_alignParentRight="true"
```

```
                android:layout_marginRight="10dp"/>

            <ImageView
                android:id="@+id/local_music_bottom_iv_play"
                android:layout_width="wrap_content"
                android:layout_height="wrap_content"
                android:layout_centerVertical="true"
                android:src="@mipmap/icon_play"
                android:layout_toLeftOf="@id/local_music_bottom_iv_next"
                android:layout_marginRight="20dp"/>

            <ImageView
                android:id="@+id/local_music_bottom_iv_last"
                android:layout_width="wrap_content"
                android:layout_height="wrap_content"
                android:layout_centerVertical="true"
                android:src="@mipmap/icon_last"
                android:layout_toLeftOf="@id/local_music_bottom_iv_play"
                android:layout_marginRight="20dp"/>
        </RelativeLayout>

        <android.support.v7.widget.RecyclerView
            android:id="@+id/local_music_rv"
            android:layout_width="match_parent"
            android:layout_height="match_parent"
            android:layout_above="@id/local_music_bottomlayout">
        </android.support.v7.widget.RecyclerView>

</RelativeLayout>
```

步骤 3：在项目文件结构窗口进入 res|layout 目录，右键单击 layout，选择【New】|【XML】|【Layout XML File】新建一个名称为 item_local_music.xml 的文件。清单如下：

```
<?xml version="1.0" encoding="utf-8"?>
<android.support.v7.widget.CardView
  xmlns:android="http://schemas.android.com/apk/res/android"
  xmlns:app="http://schemas.android.com/apk/res-auto"
  android:layout_width="match_parent"
  android:layout_height="wrap_content"
  android:layout_marginRight="10dp"
```

```
    android:layout_marginLeft="10dp"
    android:layout_marginTop="10dp"
    app:contentPadding="10dp"
    app:cardCornerRadius="10dp"
    app:cardElevation="1dp"
    app:cardBackgroundColor="@color/colorPink">

    <RelativeLayout
        android:layout_width="match_parent"
        android:layout_height="wrap_content">

        <TextView
            android:id="@+id/item_local_music_num"
            android:layout_width="wrap_content"
            android:layout_height="wrap_content"
            android:text="1"
            android:layout_centerVertical="true"
            android:textSize="24sp"
            android:textStyle="bold"/>

        <TextView
            android:id="@+id/item_local_music_song"
            android:layout_width="wrap_content"
            android:layout_height="wrap_content"
            android:text=""
            android:textSize="18sp"
            android:textStyle="bold"
            android:layout_toRightOf="@id/item_local_music_num"
            android:singleLine="true"
            android:layout_marginLeft="20dp"/>

        <TextView
            android:id="@+id/item_local_music_singer"
            android:layout_width="wrap_content"
            android:layout_height="wrap_content"
            android:text=""
            android:layout_below="@id/item_local_music_song"
            android:layout_alignLeft="@id/item_local_music_song"
            android:layout_marginTop="10dp"
            android:textSize="14sp"
```

```
            android:textColor="#888"/>

        <TextView
            android:id="@+id/item_local_music_line"
            android:layout_width="2dp"
            android:layout_height="18dp"
            android:background="#888"
            android:layout_toRightOf="@id/item_local_music_singer"
            android:layout_marginLeft="10dp"
            android:layout_marginRight="10dp"
            android:layout_alignTop="@id/item_local_music_singer"/>

        <TextView
            android:id="@+id/item_local_music_album"
            android:layout_width="wrap_content"
            android:layout_height="wrap_content"
            android:text=""
            android:layout_toRightOf="@id/item_local_music_line"
            android:layout_alignTop="@id/item_local_music_singer"
            android:textSize="14sp"
            android:textColor="#888"
            android:ellipsize="end"
            android:singleLine="true"/>

        <TextView
            android:id="@+id/item_local_music_durtion"
            android:layout_width="wrap_content"
            android:layout_height="wrap_content"
            android:layout_below="@id/item_local_music_singer"
            android:layout_alignParentRight="true"
            android:text=""
            android:textSize="14sp"
            android:textColor="#888"/>
    </RelativeLayout>
</android.support.v7.widget.CardView>
```

步骤 4：修改 MainActivity.java 文件。清单如下：

```
package com.animee.localmusic;

import android.content.ContentResolver;
```

```
import android.database.Cursor;
import android.graphics.Bitmap;
import android.graphics.BitmapFactory;
import android.media.MediaPlayer;
import android.net.Uri;
import android.provider.MediaStore;
import android.support.v7.app.AppCompatActivity;
import android.os.Bundle;
import android.support.v7.widget.LinearLayoutManager;
import android.support.v7.widget.RecyclerView;
import android.util.Log;
import android.view.View;
import android.widget.ImageView;
import android.widget.TextView;
import android.widget.Toast;
import java.io.IOException;
import java.text.SimpleDateFormat;
import java.util.ArrayList;
import java.util.Date;
import java.util.List;

public class MainActivity extends AppCompatActivity implements View.OnClickListener{
    ImageView nextIv,playIv,lastIv,albumIv;
    TextView singerTv,songTv;
    RecyclerView musicRv;
    List<LocalMusicBean>mDatas;
    private LocalMusicAdapter adapter;
    int currnetPlayPosition = -1;
    int currentPausePositionInSong = 0;
    MediaPlayer mediaPlayer;

    @Override
    protected void onCreate(Bundle savedInstanceState) {
        super.onCreate(savedInstanceState);
        setContentView(R.layout.activity_main);
        initView();
        mediaPlayer = new MediaPlayer();
        mDatas = new ArrayList<>();
        adapter = new LocalMusicAdapter(this, mDatas);
        musicRv.setAdapter(adapter);
```

```
        LinearLayoutManager layoutManager = new LinearLayoutManager(this, LinearLayoutManager.VERTICAL, false);
        musicRv.setLayoutManager(layoutManager);
        loadLocalMusicData();
        setEventListener();
    }

    private void setEventListener() {
        adapter.setOnItemClickListener(new LocalMusicAdapter.OnItemClickListener() {
            @Override
            public void OnItemClick(View view, int position) {
                currnetPlayPosition = position;
                LocalMusicBean musicBean = mDatas.get(position);
                playMusicInMusicBean(musicBean);
            }
        });
    }

    public void playMusicInMusicBean(LocalMusicBean musicBean) {
        singerTv.setText(musicBean.getSinger());
        songTv.setText(musicBean.getSong());
        stopMusic();
        mediaPlayer.reset();
        try {
            mediaPlayer.setDataSource(musicBean.getPath());
            String albumArt = musicBean.getAlbumArt();
            Log.i("lsh123", "playMusicInMusicBean: albumpath=="+albumArt);
            Bitmap bm = BitmapFactory.decodeFile(albumArt);
            Log.i("lsh123", "playMusicInMusicBean: bm=="+bm);
            albumIv.setImageBitmap(bm);
            playMusic();
        } catch (IOException e) {
            e.printStackTrace();
        }
    }

    private void playMusic() {
            if (mediaPlayer!=null&&!mediaPlayer.isPlaying()) {
            if (currentPausePositionInSong == 0) {
                try {
```

```
                mediaPlayer.prepare();
                mediaPlayer.start();
            } catch (IOException e) {
                e.printStackTrace();
            }
        }else{
//              从暂停到播放
            mediaPlayer.seekTo(currentPausePositionInSong);
            mediaPlayer.start();
        }
        playIv.setImageResource(R.mipmap.icon_pause);
    }
}

private void pauseMusic() {
    if (mediaPlayer!=null&&mediaPlayer.isPlaying()) {
    currentPausePositionInSong = mediaPlayer.getCurrentPosition();
    mediaPlayer.pause();
    playIv.setImageResource(R.mipmap.icon_play);
  }
}

private void stopMusic() {
  /* 停止音乐的函数*/
  if (mediaPlayer!=null) {
    currentPausePositionInSong = 0;
    mediaPlayer.pause();
    mediaPlayer.seekTo(0);
    mediaPlayer.stop();
    playIv.setImageResource(R.mipmap.icon_play);
  }
}

@Override
protected void onDestroy() {
  super.onDestroy();
  stopMusic();
}

private void loadLocalMusicData() {
```

```
//        1.获取 ContentResolver 对象
          ContentResolver resolver = getContentResolver();
//        2.获取本地音乐存储的 Uri 地址
          Uri uri = MediaStore.Audio.Media.EXTERNAL_CONTENT_URI;
//        3 开始查询地址
          Cursor cursor = resolver.query(uri, null, null, null, null);
//        4.遍历 Cursor
          int id = 0;
          while (cursor.moveToNext()) {
             String song = cursor.getString(cursor.getColumnIndex(MediaStore.Audio.Media.TITLE));
             String singer = cursor.getString(cursor.getColumnIndex(MediaStore.Audio.Media.ARTIST));
             String album = cursor.getString(cursor.getColumnIndex(MediaStore.Audio.Media.ALBUM));
             id++;
             String sid = String.valueOf(id);
             String path = cursor.getString(cursor.getColumnIndex(MediaStore.Audio.Media.DATA));
             long duration = cursor.getLong(cursor.getColumnIndex(MediaStore.Audio.Media.DURATIO
N));
             SimpleDateFormat sdf = new SimpleDateFormat("mm:ss");
             String time = sdf.format(new Date(duration));
//           获取专辑图片主要是通过 album_id 进行查询
             String album_id = cursor.getString(cursor.getColumnIndex(MediaStore.Audio.Media.ALBU
M_ID));
             String albumArt = getAlbumArt(album_id);
//             将一行当中的数据封装到对象当中
             LocalMusicBean bean = new LocalMusicBean(sid, song, singer, album, time, path,albumArt);
             mDatas.add(bean);
          }
//        数据源变化，提示适配器更新
          adapter.notifyDataSetChanged();
       }

       private String getAlbumArt(String album_id) {
          String mUriAlbums = "content://media/external/audio/albums";
          String[] projection = new String[]{"album_art"};
          Cursor cur = this.getContentResolver().query(
                Uri.parse(mUriAlbums + "/" + album_id),
                projection, null, null, null);
          String album_art = null;
          if (cur.getCount() > 0 && cur.getColumnCount() > 0) {
             cur.moveToNext();
```

```
            album_art = cur.getString(0);
        }
        cur.close();
        cur = null;
        return album_art;
    }

    private void initView() {
        /* 初始化控件的函数*/
        nextIv = findViewById(R.id.local_music_bottom_iv_next);
        playIv = findViewById(R.id.local_music_bottom_iv_play);
        lastIv = findViewById(R.id.local_music_bottom_iv_last);
        albumIv = findViewById(R.id.local_music_bottom_iv_icon);
        singerTv = findViewById(R.id.local_music_bottom_tv_singer);
        songTv = findViewById(R.id.local_music_bottom_tv_song);
        musicRv = findViewById(R.id.local_music_rv);
        nextIv.setOnClickListener(this);
        lastIv.setOnClickListener(this);
        playIv.setOnClickListener(this);
    }

    @Override
    public void onClick(View v) {
        switch (v.getId()) {
            case R.id.local_music_bottom_iv_last:
                if (currnetPlayPosition ==0) {
                    Toast.makeText(this,"已经是第一首了，没有上一曲！",
Toast.LENGTH_SHORT).show();
                    return;
                }
                currnetPlayPosition = currnetPlayPosition-1;
                LocalMusicBean lastBean = mDatas.get(currnetPlayPosition);
                playMusicInMusicBean(lastBean);
                break;
            case R.id.local_music_bottom_iv_next:
                if (currnetPlayPosition ==mDatas.size()-1) {
                    Toast.makeText(this,"已经是最后一首了，没有下一曲！",
Toast.LENGTH_SHORT).show();
                    return;
                }
```

```
                currnetPlayPosition = currnetPlayPosition+1;
                LocalMusicBean nextBean = mDatas.get(currnetPlayPosition);
                playMusicInMusicBean(nextBean);
                break;
            case R.id.local_music_bottom_iv_play:
                if (currnetPlayPosition == -1) {
//                  并没有选中要播放的音乐
                    Toast.makeText(this,"请选择想要播放的音乐",Toast.LENGTH_SHORT).show();
                    return;
                }
                if (mediaPlayer.isPlaying()) {
//                  此时处于播放状态，需要暂停音乐
                    pauseMusic();
                }else {
//                  此时没有播放音乐，点击开始播放音乐
                    playMusic();
                }
                break;
        }
    }

}
```

步骤 5：在项目文件结构窗口进入 java|com.example.Ex63 目录，右键单击 com.example.ex6_3_1，选择【New】|【Java Class】，打开【Create New Class】界面，新建【Name】设置为 LocalMusicAdapter，【Kind】选用默认设置为【Class】，最后单击【OK】完成新的类的创建。LocalMusicAdapter.java 清单如下：

```
package com.animee.ex6_3_1;

import android.content.Context;
import android.support.annotation.NonNull;
import android.support.v7.widget.RecyclerView;
import android.view.LayoutInflater;
import android.view.View;
import android.view.ViewGroup;
import android.widget.TextView;
import java.util.List;

public class LocalMusicAdapter extends RecyclerView.Adapter<LocalMusicAdapter.LocalMusicView
Holder>{
```

```
    Context context;
    List<LocalMusicBean>mDatas;
    OnItemClickListener onItemClickListener;

    public void setOnItemClickListener(OnItemClickListener onItemClickListener) {
        this.onItemClickListener = onItemClickListener;
    }

    public interface OnItemClickListener{
        public void OnItemClick(View view,int position);
    }

    public LocalMusicAdapter(Context context, List<LocalMusicBean> mDatas) {
        this.context = context;
        this.mDatas = mDatas;
    }

    @NonNull
    @Override
    public LocalMusicViewHolder onCreateViewHolder(@NonNull ViewGroup parent, int viewType) {
        View view = LayoutInflater.from(context).inflate(R.layout.item_local_music,parent,false);
        LocalMusicViewHolder holder = new LocalMusicViewHolder(view);
        return holder;
    }

    @Override
    public void onBindViewHolder(@NonNull LocalMusicViewHolder holder, final int position) {
        LocalMusicBean musicBean = mDatas.get(position);
        holder.idTv.setText(musicBean.getId());
        holder.songTv.setText(musicBean.getSong());
        holder.singerTv.setText(musicBean.getSinger());
        holder.albumTv.setText(musicBean.getAlbum());
        holder.timeTv.setText(musicBean.getDuration());
        holder.itemView.setOnClickListener(new View.OnClickListener() {
            @Override
            public void onClick(View v) {
                onItemClickListener.OnItemClick(v,position);
            }
        });
```

```
    }

    @Override
    public int getItemCount() {
        return mDatas.size();
    }

    class LocalMusicViewHolder extends RecyclerView.ViewHolder{
        TextView idTv,songTv,singerTv,albumTv,timeTv;
        public LocalMusicViewHolder(View itemView) {
            super(itemView);
            idTv = itemView.findViewById(R.id.item_local_music_num);
            songTv = itemView.findViewById(R.id.item_local_music_song);
            singerTv = itemView.findViewById(R.id.item_local_music_singer);
            albumTv = itemView.findViewById(R.id.item_local_music_album);
            timeTv = itemView.findViewById(R.id.item_local_music_durtion);
        }
    }
}
```

步骤 6：在项目文件结构窗口进入 java|com.example.Ex63 目录，右键单击 com.example.Ex6_3_1，选择【New】|【Java Class】，打开【Create New Class】界面，新建【Name】设置为 LocalMusicBean，【Kind】选用默认设置为【Class】，最后单击【OK】完成新的类的创建。LocalMusicBean.java 清单如下：

```
package com.animee.localmusic;

public class LocalMusicBean {

    private String id; //歌曲 id
    private String song; //歌曲名称
    private String singer; //歌手名称
    private String album; //专辑名称
    private String duration; //歌曲时长
    private String path; //歌曲路径
    private String albumArt;  //专辑地址

    public LocalMusicBean() {
    }

    public LocalMusicBean(String id, String song, String singer, String album, String duration, String pat
```

```
h,String albumArt) {
        this.id = id;
        this.song = song;
        this.singer = singer;
        this.album = album;
        this.duration = duration;
        this.path = path;
        this.albumArt = albumArt;
    }

    public String getAlbumArt() {
        return albumArt;
    }

    public void setAlbumArt(String albumArt) {
        this.albumArt = albumArt;
    }

    public String getId() {
        return id;
    }

    public void setId(String id) {
        this.id = id;
    }

    public String getSong() {
        return song;
    }

    public void setSong(String song) {
        this.song = song;
    }

    public String getSinger() {
        return singer;
    }

    public void setSinger(String singer) {
        this.singer = singer;
```

```
    }

    public String getAlbum() {
        return album;
    }

    public void setAlbum(String album) {
        this.album = album;
    }

    public String getDuration() {
        return duration;
    }

    public void setDuration(String duration) {
        this.duration = duration;
    }

    public String getPath() {
        return path;
    }

    public void setPath(String path) {
        this.path = path;
    }
}
```

◆ 案例分析

1. activity_main.xml 清单分析

行 2～84：设置整个界面布局为相对布局。

行 7～75：在整个相对布局中嵌套设置一个相对布局。

行 14～17：设置第一个 ImageView 控件及其相关属性。

行 19～26：设置第二个 ImageView 控件及其相关属性，该控件的 id 名为“local_music_bottom_iv_icon”。

行 28～37：设置第一个 TextView 控件及其相关属性，该控件的 id 名为“local_music_bottom_tv_song”，文本提示信息为空。

行 39～47：设置第二个 TextView 控件及其相关属性，该控件的 id 名为“local_music_bottom_tv_singer”，文本提示信息为空。

行 49～56：设置第三个 ImageView 控件及其相关属性，该控件的 id 名为

“local_music_bottom_iv_next”。

行 58～65：设置第四个 ImageView 控件及其相关属性，该控件的 id 名为“local_music_bottom_iv_play”。

行 67～74：设置第五个 ImageView 控件及其相关属性，该控件的 id 名为“local_music_bottom_iv_last”。

行 77～82：设置 RecyclerView 控件及其相关属性，该控件的 id 名为“local_music_rv”。

2. item_local_music.xml 清单分析

行 2～82：设置整个界面为卡片式布局。

行 15～81：设置界面布局为相对布局。

行 19～26：设置第一个 TextView 控件及其相关属性，该控件的 id 名为“item_local_music_num”，文本提示信息为“1”。

行 28～37：设置第二个 TextView 控件及其相关属性，该控件的 id 名为“item_local_music_singer”。

行 39～48：设置第三个 TextView 控件及其相关属性，该控件的 id 名为“item_local_music_song”。

行 50～58：设置第四个 TextView 控件及其相关属性，该控件的 id 名为“item_local_music_line”。

行 60～70：设置第五个 TextView 控件及其相关属性，该控件的 id 名为“item_local_music_album”。

行 72～80：设置第六个 TextView 控件及其相关属性，该控件的 id 名为“item_local_music_durtion”。

3. MainActivity.java 清单分析

行 26～33：各种类型的全局变量的定义。

行 38：设置输出显示在名为“activity_main”的界面上。

行 39：调用 initView 函数，该函数的功能是实现各类控件的初始化。

行 42～43：创建适配器对象。

行 44～46：设置布局管理器。

行 51～60：设置适配器监听事件，当有选项被单击时，播放当前音频。

行 62～78：实现播放当前音频的功能，根据传入对象播放音乐，设置底部显示的歌手名称和歌曲名，并可实现播放、暂停、停止播放音频功能。

行 80～96：实现设置新的播放路径并播放音频的功能。

行 98～104：实现暂停播放音频的功能。

行 106～115：实现停止播放音频的功能。

行 118～121：实现停止播放音频之后终止内存进程的功能。

行 123～153：实现加载本地存储的音乐(MP3 音频)的功能。

行 155～169：实现通过 id 进行音频查询的功能。

行 171～183：实现初始化各类控件的功能。

行 186～223：实现通过点击对应各类情况播放音频的功能。

4. LocalMusicAdapter.java 清单分析

行 18～20：设置在播放音频目录上的点击触发事件。

行 22～24：设置在接口上被点击的触发事件。

行 26～29：设置本地音乐适配器。

行 33～37：创建和返回 LocalMusicViewHolder 对象。

行 40～53：绑定 ViewHolder，对每一个控件进行赋值的同时设置单击触发事件。

行 56～58：获取播放音频数量。

行 60～70：通过 id 名查找各类控件并赋给相应的控件变量。

5. LocalMusicBean.java 清单分析

行 3～82：创建一个名为“LocalMusicBean”的类。

行 5～11：定义各种类型全局变量的定义。

行 16～25：创建一个名为“LocalMusicBean”的构造方法。

行 27～82：“LocalMusicBean”类所提供的各种属性获取与对应方法的设置。

◆ 相关知识

音频播放会应用到 MediaPlayer 类，该类提供了播放、暂停、重复、停止播放等方法，MediaPlayer 类是播放媒体文件最为常用的类，该类位于 android.media 包中。MediaPlayer 类不仅可以用来播放大容量的音频文件，还可以支持播放操作(停止、开始、暂停等)和查找操作的流媒体，也支持与媒体操作相关的监听器。

对播放音频/视频文件和流的控制是通过一个状态机来管理的，MediaPlayer 类中的常用方法如表 6-3-1 所示。

表 6-3-1　MediaPlayer 类中的常用方法

方　法	说　明
static MediaPlayer create(Context context，Uri uri)	静态方法，通过 Uri 创建一个多媒体播放器
int getCurrentPosition()	返回 int，得到当前播放位置
int getDuration()	返回 int，得到文件的时间
int getVideoHeight()	返回 int，得到视频高度
int getVideoWidth()	返回 int，得到视频宽度
boolean isLooping()	返回 boolean，是否循环播放
boolean isPlaying()	返回 boolean，是否正在播放
void pause()	无返回值，暂停
void prepareAsync()	无返回值，准备异步
void release()	无返回值，释放 MediaPlayer 对象
void reset()	无返回值，重置 MediaPlayer 对象
void start()	无返回值，开始播放
void stop()	无返回值，停止播放
void seekTo(int msec)	无返回值，指定播放的位置(以毫秒为单位的时间)

续表

方　法	说　明
void setAudioStreamType(int StreamType)	无返回值，指定流媒体的类型
void setDataSource(String path)	无返回值，设置多媒体数据来源[根据路径]
void setDisplay(SurfaceHolder sh)	无返回值，设置用 SurfaceHolder 来显示多媒体
void setLooping(boolean looping)	设置是否循环播放
void setOnBufferingUpdateListener(MediaPlayer. OnBufferingUpdateListener listener)	监听事件，网络流媒体的缓冲监听
void setOnCompletionListener(MediaPlayer. OnCompletionListener listener)	监听事件，网络流媒体播放结束监听
void setOnErrorListener(MediaPlayer. OnErrorListener listener)	监听事件，设置错误信息监听
void setOnVideoSizeChangedListener(MediaPlayer. OnVideoSizeChangedListene listener)	监听事件，视频尺寸监听
void etVolume(float leftVolume, float rightVolume)	无返回值，设置音量

6.4 播放视频

◆ 任务目标

设计一个界面，可以在该界面上进行视频播放。播放视频界面运行效果如图 6-4-1 所示。

图 6-4-1　播放视频界面运行效果图

◆ 实施步骤

步骤 1：点击菜单【File】，选择【new】|【new module】新建一个 Module，命名为 Ex6_4_1，其它默认设置。

步骤 2：在项目文件结构窗口进入 res|layout 目录，修改 activity_main.xml 布局文件。清单如下：

```
<?xml version="1.0" encoding="utf-8"?>
<LinearLayout xmlns:android="http://schemas.android.com/apk/res/android"
    xmlns:app="http://schemas.android.com/apk/res-auto"
    xmlns:tools="http://schemas.android.com/tools"
    android:layout_width="match_parent"
    android:layout_height="match_parent"
    android:orientation="vertical"
    tools:context=".MainActivity">

    <ListView
        android:id="@+id/main_lv"
        android:layout_width="match_parent"
        android:layout_height="match_parent"
         />

</LinearLayout>
```

步骤 3：在项目文件结构窗口进入 res|layout 目录，右键单击 layout，选择【New】|【XML】|【Layout XML File】新建一个名称为 item_mainlv.xml 的文件。清单如下：

```
<?xml version="1.0" encoding="utf-8"?>
<LinearLayout xmlns:android="http://schemas.android.com/apk/res/android"
  android:orientation="vertical" android:layout_width="match_parent"
  android:layout_height="wrap_content">

  <cn.jzvd.JzvdStd
    android:id="@+id/item_main_jzvd"
    android:layout_width="match_parent"
    android:layout_height="220dp">
  </cn.jzvd.JzvdStd>

  <RelativeLayout
    android:layout_width="match_parent"
```

```
        android:layout_height="wrap_content"
        android:padding="10dp">

        <ImageView
            android:id="@+id/item_main_iv"
            android:layout_width="35dp"
            android:layout_height="35dp"
            android:scaleType="centerCrop"/>

        <TextView
            android:id="@+id/item_main_tv_name"
            android:layout_width="wrap_content"
            android:layout_height="wrap_content"
            android:layout_toRightOf="@id/item_main_iv"
            android:text="Animee"
            android:layout_marginLeft="10dp"
            android:textStyle="bold"
            android:textSize="12sp"/>

      <TextView
            android:id="@+id/item_main_iv_heart"
            android:layout_width="60dp"
            android:layout_height="wrap_content"
            android:layout_alignParentRight="true"
            android:text=""
            android:textSize="12dp"
            android:layout_centerVertical="true"
            android:drawablePadding="5dp"
            android:drawableLeft="@mipmap/icon_heart"/>

        <TextView
            android:id="@+id/item_main_iv_reply"
            android:layout_width="60dp"
            android:layout_height="wrap_content"
            android:layout_toLeftOf="@id/item_main_iv_heart"
            android:layout_marginRight="10dp"
            android:text=""
            android:textSize="12dp"
            android:layout_centerVertical="true"
```

```
            android:drawablePadding="5dp"
            android:drawableLeft="@mipmap/icon_comment"/>

        <TextView
            android:id="@+id/item_main_tv_des"
            android:layout_width="wrap_content"
            android:layout_height="wrap_content"
            android:layout_below="@id/item_main_tv_name"
            android:layout_alignLeft="@id/item_main_tv_name"
            android:layout_toLeftOf="@id/item_main_iv_reply"
            android:text=""
            android:textSize="10sp"/>
    </RelativeLayout>

</LinearLayout>
```

步骤 4：修改 MainActivity.java 文件。清单如下：

```
package com.animee.samplevideo;

import android.annotation.SuppressLint;
import android.os.Handler;
import android.os.Message;
import android.support.v7.app.AppCompatActivity;
import android.os.Bundle;
import android.widget.ListView;
import com.google.gson.Gson;
import java.util.ArrayList;
import java.util.List;
import cn.jzvd.JzvdStd;

public class MainActivity extends AppCompatActivity {
    ListView mainLv;
    String url = "http://baobab.kaiyanapp.com/api/v4/tabs/selected?udid=11111&vc=168&vn=3.3.1&dev
iceModel=Huawei6&first_channel=eyepetizer_baidu_market&last_channel=eyepetizer_baidu_market
&system_version_code=20";
    List<VideoBean.ItemListBean> mDatas;
    private VideoAdapter adapter;

    @SuppressLint("HandlerLeak")
```

```
    Handler handler = new Handler(){
        @Override
        public void handleMessage(Message msg) {
            if (msg.what == 1) {
                String json = (String) msg.obj;
                VideoBean videoBean = new Gson().fromJson(json,VideoBean.class);
                List<VideoBean.ItemListBean> itemList = videoBean.getItemList();
                for (int i = 0; i < itemList.size(); i++) {
                    VideoBean.ItemListBean listBean = itemList.get(i);
                    if (listBean.getType().equals("video")) {
                        mDatas.add(listBean);
                    }
                }

                adapter.notifyDataSetChanged();
            }
        }
    };

  @Override
    protected void onCreate(Bundle savedInstanceState) {
        super.onCreate(savedInstanceState);
        setContentView(R.layout.activity_main);
        setTitle("开眼视频");
        mainLv = findViewById(R.id.main_lv);
        mDatas = new ArrayList<>();
        adapter = new VideoAdapter(this, mDatas);
        mainLv.setAdapter(adapter);
        loadData();
    }

    private void loadData() {

        new Thread(new Runnable() {
            @Override
            public void run() {
                String jsonContent = HttpUtils.getJsonContent(url);
//                子线程不能更新 UI，需要通过 handler 发送数据回到主线程
                Message message = new Message();  //发送的消息对象
```

```
                message.what = 1;
                message.obj = jsonContent;
                handler.sendMessage(message);
            }
        }).start();
    }

    @Override
    protected void onStop() {
        super.onStop();
        JzvdStd.releaseAllVideos();
    }
}
```

步骤 5：在项目文件结构窗口进入 java|com.example. ex6_4_1 目录，右键单击 com.example.ex6_4_1，选择【New】|【Java Class】，打开【Create New Class】界面，新建【Name】设置为 VideoAdapter，【Kind】选用默认设置为【Class】，最后单击【OK】完成新的类的创建。VideoAdapter.java 清单如下：

```
package com.animee.samplevideo;

import android.content.Context;
import android.text.TextUtils;
import android.view.LayoutInflater;
import android.view.View;
import android.view.ViewGroup;
import android.widget.BaseAdapter;
import android.widget.ImageView;
import android.widget.TextView;
import com.squareup.picasso.Picasso;
import java.util.List;
import cn.jzvd.JzvdStd;

public class VideoAdapter extends BaseAdapter{
    Context context;
    List<VideoBean.ItemListBean> mDatas;

    public VideoAdapter(Context context, List<VideoBean.ItemListBean> mDatas) {
        this.context = context;
        this.mDatas = mDatas;
```

```
    }

    @Override
    public int getCount() {
        return mDatas.size();
    }

    @Override
    public Object getItem(int position) {
        return mDatas.get(position);
    }

    @Override
    public long getItemId(int position) {
        return position;
    }

    @Override
    public View getView(int position, View convertView, ViewGroup parent) {
        ViewHolder holder = null;
        if (convertView == null) {
            convertView = LayoutInflater.from(context).inflate(R.layout.item_mainlv,parent,false);
            holder = new ViewHolder(convertView);
            convertView.setTag(holder);
        }else {
            holder = (ViewHolder) convertView.getTag();
        }

        VideoBean.ItemListBean.DataBean dataBean = mDatas.get(position).getData();
        VideoBean.ItemListBean.DataBean.AuthorBean author = dataBean.getAuthor();
        holder.nameTv.setText(author.getName());
        holder.descTv.setText(author.getDescription());
        String iconURL = author.getIcon();
        if (!TextUtils.isEmpty(iconURL)) {
            Picasso.with(context).load(iconURL).into(holder.iconIv);
        }

        VideoBean.ItemListBean.DataBean.ConsumptionBean consumpBean =
```

```
dataBean.getConsumption();
      holder.heartTv.setText(consumpBean.getRealCollectionCount()+"");
      holder.replyTv.setText(consumpBean.getReplyCount()+"");
      holder.jzvdStd.setUp(dataBean.getPlayUrl(),dataBean.getTitle(),JzvdStd.SCREEN_NORMAL);
      String thumbUrl = dataBean.getCover().getFeed(); //缩略图的网络地址
      Picasso.with(context).load(thumbUrl).into(holder.jzvdStd.thumbImageView);
      holder.jzvdStd.positionInList = position;
      return convertView;
   }

   class ViewHolder{
      JzvdStd jzvdStd;
      ImageView iconIv;
      TextView nameTv,descTv,heartTv,replyTv;
      public ViewHolder(View view){
         jzvdStd = view.findViewById(R.id.item_main_jzvd);
         iconIv = view.findViewById(R.id.item_main_iv);
         nameTv = view.findViewById(R.id.item_main_tv_name);
         descTv = view.findViewById(R.id.item_main_tv_des);
         heartTv = view.findViewById(R.id.item_main_iv_heart);
         replyTv = view.findViewById(R.id.item_main_iv_reply);
      }
   }
}
```

◆ 案例分析

1. activity_main.xml 清单分析

行 2～16：设置整个界面布局为线性布局。

行 10～14：设置 ListView 控件及其相关属性，该控件的 id 名为"main_lv"。

2. item_mainlv.xml 清单分析

行 2～67：设置整个界面布局为线性布局。

行 6～10：引用 id 名为“item_main_jzvd”的播放器。

行 12～65：在整个界面布局中设置一个嵌套的相对布局。

行 17～21：设置 ImageView 控件及其相关属性，该控件的 id 名为"item_main_iv"。

行 23～31：设置 TextView 控件及其相关属性，该控件的 id 名为"item_main_tv_name"，该控件上显示的提示信息为“Animee”。

行 33～42：设置 TextView 控件及其相关属性，该控件的 id 名为"item_main_iv_heart"。

行 44～54：设置 TextView 控件及其相关属性，该控件的 id 名为"item_main_iv_reply"。

行 56～64：设置 TextView 控件及其相关属性，该控件的 id 名为"item_main_tv_des"。

3. MainActivity.java 清单分析

行 15：设置全局变量 ListView 控件，该控件名为“mainLv”。

行 16～18：设置播放视频链接地址。

行 23～40：解析播放数据地址，获取播放列表项，添加至名为“mDatas”的 item 控件中。

行 43～52：创建输出显示的视频在名为“activity_main”的界面上，设置该界面的显示标题为“开眼视频”，找到 id 名为“main_lv”的控件，通过数组列表添加 mDatas 中的数据至适配器中，再加载数据。

行 56～66：通过消息传递，线程调用，完成数据的获取，启动视频播放。

行 70～73：停止视频播放。

4. VideoAdapter.java 清单分析

行 16～17：设置各种类型的全局变量。

行 19～22：创建视频适配器。

行 25～37：构造各类视频适配器的方法，返回集合的长度，返回指定位置的数据源和返回存储位置。

行 40～68：获取 View 相关信息。

行 50～56：返回指定位置的数据源，获取发布者的姓名和相关描述并显示输出。

行 59～62：获取点赞数和评论数。

行 63～66：设置在视频播放器上的显示输出相关信息。

行 74～82：通过 id 查找名为“item_main_jzvd”控件并将其赋值给名为“jzvdStd”的控件；通过 id 查找名为“item_main_iv”控件并将其赋值给名为“icoIv”的控件；通过 id 查找名为“item_main_tv_name”控件并将其赋值给名为“nameTv”的控件；通过 id 查找名为“item_main_tv_des”控件并将其赋值给名为“descTv”的控件；通过 id 查找名为“item_main_iv_heart”控件并将其赋值给名为“heartTv”的控件；通过 id 查找名为“item_main_iv_reply”控件并将其赋值给名为“replyTv”的控件。

◆ 相关知识

视频播放同样需用到 MediaPlayer 类，其状态和状态管理和音频播放是一样的。由于采用 MedicalPlayer 类开发视频播放，用于视频播放的播放承载体必须是实现了表面视图处理接口的(SurfaceHolder)视图组件，即需要使用 SurfaceView 组件来显示播放的视频图像。因此，Android 也可以使用一个封装好的视频播放控件—VideoView 控件来实现视频的播放。

在 Android 系统中，经常使用 android.widget 包中的视频视图类 VideoView 播放视频文件。VideoView 类可以从不同的来源读取视频，计算和维护视频的画面尺寸，使其适应于任何管理器，并提供一些诸如缩放、着色之类的显示选项。VideoView 对象常用方法如表 6-4-1 所示。

表 6-4-1　VideoView 对象常用方法

方　　法	说　　明
VideoView(Context context)	创建一个默认属性的 VideoView 实例
boolean canPause()	返回 boolean，判断是否能够暂停播放视频
int getBufferPercentage()	返回 int，获得缓冲区的百分比
int getCurrentPosition()	返回 int，获得当前的位置
int getDuration()	返回 int，得到播放视频的总时间
boolean isPlaying()	返回 boolean，是否正在播放视频
boolean onTouchEvent(MotionEven ev)	返回 boolean，应用该方法来处理触屏事件
void seekTo(int msec)	无返回值，设置播放位置
void setMediaController(MediaController controller)	无返回值，设置媒体控制器
void setOnCompletionListener(MediaPlayer.OnCompletionListener 1)	无返回值，设置在媒体文件播放完毕时调用的回调函数
void setOnPreparedListener(MediaPlayer.OnPreparedListener 1)	无返回值，设置在媒体文件加载完毕时调用的回调函数
void setVideoPath(String path)	无返回值，设置视频文件的路径
void setVideoURI(Uri uri)	无返回值，设置视频文件的统一资源标识符
void start()	无返回值，开始播放视频文件
void stopPlayback()	无返回值，回放视频文件

6.5 综 合 案 例

◆ 任务目标

设计一个界面，在该界面上显示文件管理器，点击多余的文件或照片时可实现删除功能。

初始化界面运行效果图如图 6-5-1 所示，删除界面运行效果如图 6-5-2 所示。

图 6-5-1　初始化界面运行效果图

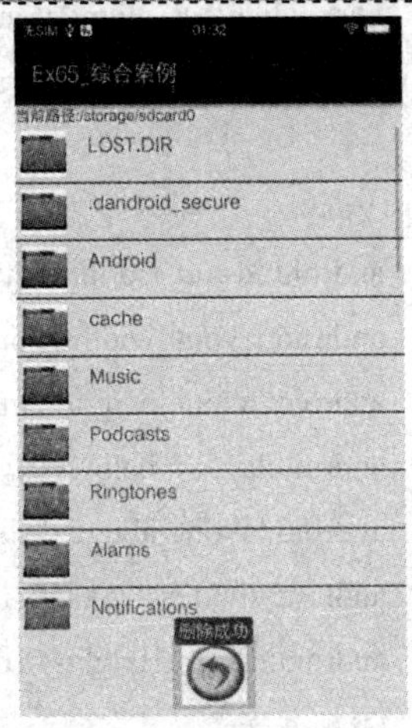

图 6-5-2　删除界面运行效果图

◆ 实施步骤

步骤 1：点击菜单【File】，选择【new】|【new module】新建一个 Module，命名为 Ex6_5_1，其它默认设置。

步骤 2：在项目文件结构窗口进入 res|layout 目录，修改 activity_main.xml 布局文件。清单如下：

```
<?xml version="1.0" encoding="utf-8"?>
<RelativeLayout xmlns:android="http://schemas.android.com/apk/res/android"
    xmlns:app="http://schemas.android.com/apk/res-auto"
    xmlns:tools="http://schemas.android.com/tools"
    android:layout_width="match_parent"
    android:layout_height="match_parent"
    tools:context=".MainActivity">

    <TextView
        android:id="@+id/id_tv_filepath"
        android:layout_width="match_parent"
        android:layout_height="wrap_content"
        android:text="File Path:/mnt/sdcard/" />

    <ImageButton
        android:id="@+id/id_btn_back"
        android:layout_width="wrap_content"
        android:layout_height="wrap_content"
        android:src="@mipmap/back"
        android:layout_alignParentBottom="true"
        android:layout_centerHorizontal="true" />

    <ListView
        android:id="@+id/id_lv_file"
        android:layout_width="match_parent"
        android:layout_height="match_parent"
        android:layout_below="@id/id_tv_filepath"
        android:layout_above="@id/id_btn_back"
        android:divider="#000"
        android:dividerHeight="1dp"
        />
```

```

</RelativeLayout>
```

步骤 3：在项目文件结构窗口进入 res|layout 目录，右键单击 layout，选择【New】|【XML】|【Layout XML File】新建一个名称为 item_file_explorer.xml 的文件。清单如下：

```
<?xml version="1.0" encoding="utf-8"?>
<LinearLayout xmlns:android="http://schemas.android.com/apk/res/android"
  android:orientation="horizontal" android:layout_width="match_parent"
  android:layout_height="match_parent"
  android:padding="5dp">

  <ImageView
    android:id="@+id/item_icon"
    android:layout_width="wrap_content"
    android:layout_height="wrap_content"
    android:src="@mipmap/folder" />

  <TextView
    android:id="@+id/item_tv"
    android:layout_width="wrap_content"
    android:layout_height="wrap_content"
    android:textSize="18sp"
    android:layout_marginLeft="20dp"
    android:text="" />

</LinearLayout>
```

步骤 4：修改 MainActivity.java 文件。清单如下：

```
package com.example.ex6_5_1;

import androidx.appcompat.app.AlertDialog;
import androidx.appcompat.app.AppCompatActivity;
import android.content.Intent;
import android.os.Bundle;
import android.os.Environment;
import android.view.View;
import android.widget.AdapterView;
import android.widget.ImageButton;
import android.widget.ListView;
import android.widget.SimpleAdapter;
```

```
import android.widget.TextView;
import android.widget.Toast;
import java.io.File;
import java.util.ArrayList;
import java.util.HashMap;
import java.util.List;
import java.util.Map;

public class MainActivity extends AppCompatActivity {

    private TextView pathTv;
    private ImageButton backBtn;
    private ListView fileLv;
    private File currentParent;
    private File[] currentFiles;
    private File root;

    @Override
    protected void onCreate(Bundle savedInstanceState) {
        super.onCreate(savedInstanceState);
        setContentView(R.layout.activity_main);

        pathTv = (TextView)findViewById(R.id.id_tv_filepath);
        backBtn = (ImageButton)findViewById(R.id.id_btn_back);
        fileLv = (ListView)findViewById(R.id.id_lv_file);

        boolean isLoadSDCard = Environment.getExternalStorageState().equals(Environment.MEDIA_
MOUNTED);
        if (isLoadSDCard) {
            root = Environment.getExternalStorageDirectory();//获取根目录
            currentParent = root;
            currentFiles = currentParent.listFiles();
            inflateListView(currentFiles);
        } else {
            Toast.makeText(MainActivity.this,"SD 卡没装载",Toast.LENGTH_SHORT).show();
        }
        setListener();
    }

    private void setListener() {
```

```
        fileLv.setOnItemClickListener(new AdapterView.OnItemClickListener(){
            @Override
            public void onItemClick(AdapterView<?> parent, View view, int position, long id) {
                if (currentFiles[position].isFile()) {
                    boolean bool = Delete_file(currentParent.getAbsolutePath(),currentFiles[position].getNa
me());
                    if (bool) {
                        Toast.makeText(MainActivity.this,"删除成功",Toast.LENGTH_SHORT).show();
                    } else {
                        Toast.makeText(MainActivity.this,"删除失败",Toast.LENGTH_SHORT).show();
                    }
                    Intent intent = new Intent(MainActivity.this,MainActivity.class);
                    startActivity(intent);
                    return;
                }
                File[] Temp = currentFiles[position].listFiles();
                if (Temp == null||Temp.length == 0) {
                    Toast.makeText(MainActivity.this,"当前文件夹没有内容或者不能被访问",
 Toast.LENGTH_SHORT).show();
                }else {
                    currentParent = currentFiles[position];
                    currentFiles = Temp;
                    inflateListView(currentFiles);
                }
            }
        });

        backBtn.setOnClickListener(new View.OnClickListener() {
            @Override
            public void onClick(View v) {
                if (currentParent.getAbsolutePath().equals(root.getAbsolutePath())) {
                    MainActivity.this.finish();
                } else {
                    currentParent = currentParent.getParentFile();
                    currentFiles = currentParent.listFiles();
                    inflateListView(currentFiles);
                }
            }
        });
    }
```

```

    public boolean Delete_file(String sdPath, String fileName){
        String file_path = sdPath + "/" + fileName;
        File file = new File(file_path);
        boolean bol = false;
        if(file.exists()) {
          bol = file.delete();
          return bol;
        }
        return bol;
    }

    private void inflateListView(File[] currentFiles) {
        List<Map<String,Object>> list = new ArrayList<>();
        for (int i = 0; i< currentFiles.length; i++){
            Map<String,Object> map = new HashMap<>();
            map.put("filename",currentFiles[i].getName());
            if(currentFiles[i].isFile()){
                map.put("icon",R.mipmap.file);
            } else {
                map.put("icon",R.mipmap.folder);
            }
            list.add(map);
        }

        SimpleAdapter adapter = new SimpleAdapter(this, list, R.layout.item_file_explorer,
                new String[]{"filename", "icon"},
                new int[]{R.id.item_tv, R.id.item_icon});

        fileLv.setAdapter(adapter);
        pathTv.setText("当前路径:" + currentParent.getAbsolutePath());
    }
}
```

◆ 案例分析

1. activity_main.xml 清单分析

行 2～33：设置整个界面布局为相对布局。

行 9～13：设置 TextView 控件及其相关属性，该控件的 id 名为“id_tv filepath”，控件上显示的文本信息是“File Path:/mnt/sdcard/”。

行 15～21：设置 ImageButton 控件及其相关属性，该控件的 id 名为“id_btn_back”。

行 23～31：设置 ListView 控件及其相关属性，该控件的 id 名为“id_lv_file”。

2. item_file_explorer.xml 清单分析

行 2～21：设置整个界面布局为线性布局。

行 7～11：设置 ImageView 控件及其相关属性，该控件的 id 名为“item_icon”。

行 13～19：设置 TextView 控件及其相关属性，该控件的 id 名为“item_tv”。

3. MainActivity.java 清单分析

行 24～28：各种类型的全局变量的定义。

行 33：设置输出显示在名为“activity_main”的界面上。

行 35：通过 id 查找名为“id_tv_filepath”并将其赋值给名为“pathTv”的 TextView 控件。

行 36：通过 id 查找名为“id_btn_back”并将其赋值给名为“backBtn”的 ImageButton 控件。

行 37：通过 id 查找名为“id_lv_file”并将其赋值给名为“fileLv”的 ListView 控件。

行 41～48：判断 SD 卡是否装载，如果 SD 卡已装载则获取当前文件的根目录，如果 SD 卡未装载则以弹窗框的方式显示输出提示信息“SD 卡没装载”，再调用 setListener 函数。

行 55～67：监听事件实现相应文件管理功能的函数。判断当前路径下的文件是否存在，如文件存在则以弹窗框的方式显示输出“删除成功”，否则以弹窗框的方式显示输出“删除失败”；然后再用 Intent 启动跳转至另一页面。

行 68～77：如果当前文件为空或当前文件长度为 0，则以弹窗框的方式显示输出“当前文件夹没有内容或者不能被访问”，否则更新当前文件的位置。

行 80～92：在 backBtn 按钮上设置单击监听事件，当检测到被单击时当前路径和系统路径相同，则结束 MainActivity 的生命周期；否则获取当前文件的路径并赋值给 inflateListView。

行 94～103：实现删除文件功能的函数。先获取文件的路径，再判断文件是否存在，如果文件存在则调用 delete 函数执行文件的删除。

行 105～116：实现添加文件和文件夹相应的图标至 list 控件中的功能函数。通过 i 循环将所获取的当前的文件名添加至名为“map”的 HashMap 控件中，再将 map 添加至名为“list”的 list 控件中。

行 118～123：将文件名和文件图标放在名为“adapter”的 SimpleAdapter 控件中，在名为“pathTv”的控件上设置显示输出的内容是“当前路径”：+ 所获取文件的绝对路径。

6.6 实　训

实训目的

完成一个录音机程序，使用 MediaRecorder 实现录音的功能并使用 MeidaPlayer 实现播放录音的功能。

实训步骤

(1) 设置录音机界面布局文件。

(2) 在 MainActivity 中编写代码实现录音的功能。

(3) 在 MainActivity 中编写代码实现播放录音的功能。

本 章 小 结

本章主要讲解了进度条、文件管理器以及使用 MediaPlayer 类实现播放音频和视频的功能。进度条是 Android 在界面设计中一种非常实用的控件。Android 中的文件分为内部存储文件和外部存储文件，因此使用文件管理器时应区分是对内部文件的管理还是对外部文件的管理。Android 中提供了一个专门用于音频和视频播放的类——MediaPlayer，通过对 MediaPlayer 类的使用可以实现对音频和视频播放进度及相应状态的控制。

本 章 习 题

1. 请简述 ProgressBar 中的 secondaryProgress 在开发中常用的功能？
2. 请问 MediaPlayer 实现音频播放时需使用哪两个权限？
3. 请简述 VideoView 支持的视频格式有哪些？
4. 请简述 VideoView 支持的两种常见的网络视频协议？

第 7 章　网 络 通 信

✧ 教学导航

教学目标	(1) 掌握 Webview 控件的使用； (2) 掌握 http 访问网络的方法； (3) 掌握解析 XML 格式数据的方法； (4) 掌握解析 JSON 格式数据的方法； (5) 掌握使用 WebService 获取网络服务的方法； (6) 完成综合案例——简易天气预报 App
单词	Web Service schemas

7.1　使用 WebView

◆ 任务目标

使用 WebView 控件，打开 https://www.126.com 页面。效果如图 7-1-1 所示。

图 7-1-1　WebView 运行效果图

◆ 实施步骤

步骤 1：在 activity_main.xml 文件中添加一个 WebView 控件，控件 id 为 web1。清单如下：

```
<?xml version="1.0" encoding="utf-8"?>
<androidx.constraintlayout.widget.ConstraintLayout
xmlns:android="http://schemas.android.com/apk/res/android"
    xmlns:app="http://schemas.android.com/apk/res-auto"
    xmlns:tools="http://schemas.android.com/tools"
    android:layout_width="match_parent"
    android:layout_height="match_parent"
    tools:context=".MainActivity">

    <WebView
        android:id="@+id/web1"
        android:layout_height="match_parent"
        android:layout_width="match_parent" />

</androidx.constraintlayout.widget.ConstraintLayout>
```

步骤 2：在默认的 MainActivity 中编写与 WebView 相关的代码。清单如下：

```
public class MainActivity extends AppCompatActivity {
  public WebView webView;
    @Override
    protected void onCreate(Bundle savedInstanceState) {
        super.onCreate(savedInstanceState);
        setContentView(R.layout.activity_main);
        webView = (WebView)findViewById(R.id.web1);
        webView.setWebViewClient(new WebViewClient(){
             @Override
            public boolean shouldOverrideUrlLoading(WebView view, String url) {
            view.loadUrl(url);
            return true;
            }
        });

        webView.getSettings().setJavaScriptEnabled(true);
        webView.getSettings().setDomStorageEnabled(true);
        webView.loadUrl("https://www.126.com/");
    }
}
```

步骤3：配置 uses-permission，在 AndroidManifest.xml 文件中添加如下代码中加粗内容，以便访问网络。清单如下：

```
<?xml version="1.0" encoding="utf-8"?>
<manifest xmlns:android="http://schemas.android.com/apk/res/android"
    package="com.xxx.myandroidapp">
<uses-permission android:name="android.permission.INTERNET"></uses-permission>
<application
android:allowBackup="true"
android:icon="@mipmap/ic_launcher"
android:label="@string/app_name"
android:supportsRtl="true"
android:usesCleartextTraffic="true"
android:theme="@style/AppTheme">
<activity android:name=".MainActivity">
<intent-filter>
<action android:name="android.intent.action.MAIN" />
<category android:name="android.intent.category.LAUNCHER" />
</intent-filter>
</activity>
</application>
</manifest>
```

完成后的运行效果图如图 7-1-1 所示。

◆ 案例分析

步骤2中代码分析：

行2：声明 WebView 变量。

行7：找到 web1 控件。

行8：设置 WebViewClient 子类，WebViewClient 会在一些影响内容渲染的动作发生时被调用，比如表单提交错误需要重新提交，页面开始加载及加载完成，资源加载中，接收到 https 认证需要处理，页面键盘响应，页面中的 url 打开处理等。

行10：shouldOverrideUrlLoading 返回 true 表明链接是在当前的 WebView 里跳转

行16：允许 JavaScript 脚本。

行17：设置存储 DomStorageEnabled。

行18：由 WebView 加载网页。

清单文件中需要添加：

```
<uses-permissionandroid:name="android.permission.INTERNET"></uses-permission>
```

还需添加 android:usesCleartextTraffic="true"，用于指示应用程序是否打算使用明文网络流量，如明文 HTTP。目标 API 级别为 27 或更低的应用程序的默认值为 true。面向 API 级别

28 或更高级别的应用默认为 false。

◆ 相关知识

Android WebView 是用于展现 Web 页面的控件，可以用来显示和渲染 Web 页面，直接使用 html 文件作布局，也可以和 JavaScript 交互调用。WebView 控件功能强大，除了具有一般 View 的属性和设置外，还可以对 url 请求、页面加载、渲染、页面交互进行处理。提供滚动、缩放、前进、后退、搜索、执行 Js 等功能。Android 的 WebView 在 Android 4.4 之前使用 WebKit 作为渲染内核，在 Android 4.4 后直接使用 Chrome 内核。

现在很多 App 都内置了 Web 网页，WebView 比较灵活，不需要频繁升级客户端，变化频繁的页面可以通过采用 WebView 方法加载网页来实现。WebView 中的常见方法见表 7-1-1。

表 7-1-1　WebView 中的常见方法

方　法	WebView 的状态
webView.onResume()	激活 WebView 为活跃状态，能正常执行网页的响应
webView.onPause()	当页面失去焦点被切换到后台不可见状态时需要执行
webView.pauseTimers()	当应用程序(存在 webview)被切换到后台时暂停
webView.resumeTimers()	恢复 pauseTimers 状态
rootLayout.removeView(webView) webView.destroy()	销毁 WebView 需要先从父容器中移除 WebView，然后再销毁 WebView
WebView.canGoBack()	网页是否可以后退
WebView.goBack()	网页后退
WebView.canGoForward()	网页是否可以前进
WebView.goForward()	网页前进
WebView.goBackOrForward(intsteps)	以当前的 index 为起始点到历史记录中指定的步数

WebViewClient 主要用于帮助 WebView 处理各种通知、请求事件，有以下几种常用方法：

(1) onPageFinished 页面请求完成。

(2) onPageStarted 页面开始加载。

(3) shouldOverrideUrlLoading 拦截 url。

(4) onReceivedError 访问错误时回调。例如，访问网页时报错，在这个方法回调的时候可以加载错误页面。

7.2　使用 HTTP 访问网络

◆ 任务目标

使用 HTTP 获取页面数据，效果如图 7-2-1 所示。

图 7-2-1　HTTP 获取数据结果

◆ 实施步骤

步骤1：点击菜单【File】，选择【new】【new module】，命名为Ex7_2_1。在activity_main.xml文件中添加一个Button按钮，按钮文本为http获取数据和用于结果显示的TextView，代码参考如下清单中的9～18行。

```
1	<?xml version="1.0" encoding="utf-8"?>
2	<android.support.constraint.ConstraintLayoutxmlns:android="http://schemas.android.com/apk/res/an
3	droid"
4	xmlns:app="http://schemas.android.com/apk/res-auto"
5	xmlns:tools="http://schemas.android.com/tools"
6	android:layout_width="match_parent"
7	android:layout_height="match_parent"
8	tools:context=".MainActivity">
9	<Button
10	  android:layout_width="match_parent"
11	  android:layout_height="wrap_content"
12	  android:id="@+id/btn_send"
13	  android:text="HTTP获取数据"/>
14	<TextView
15	  android:layout_height="wrap_content"
16	  android:layout_width="match_parent"
```

```
        android:id="@+id/text_response"
        app:layout_constraintTop_toBottomOf="@id/btn_send"/>
    </android.support.constraint.ConstraintLayout>
```

步骤 2：在文件 MainActivity.java 中修改 AppCompatActivity。清单如下：

```
public class MainActivity extends AppCompatActivity implements View.OnClickListener {
        private Button btnSend;
        private TextView responseText;
        @Override
protected void onCreate(Bundle savedInstanceState) {
    super.onCreate(savedInstanceState);
    setContentView(R.layout.activity_main);
    btnSend = findViewById(R.id.btn_send);
    responseText= findViewById(R.id.text_response);
    btnSend.setOnClickListener(MainActivity.this);
}

public void onClick(View v) {
      if (v.getId()==R.id.btn_send){
            httpGetMsg();
      }
  }

  private void httpGetMsg(){
    new Thread(new Runnable() {
        @Override
        public void run() {
            HttpURLConnection connection = null;
            BufferedReader reader = null;
            try {
                    URL url = new URL("https://www.baidu.com");
                    connection = (HttpURLConnection)url.openConnection();
                    connection.setRequestMethod("GET");
                    connection.setConnectTimeout(10000);
                    connection.setReadTimeout(10000);
                    InputStream in = connection.getInputStream();

                    reader = new BufferedReader(new InputStreamReader(in));
                    StringBuilder response = new StringBuilder();
```

```
35              String line;
36              while ((line = reader .readLine())!=null){
37                  response.append(line);
38              }
39              showResponse(response.toString());
40          }catch (Exception e){
41              e.printStackTrace();
42          }finally {
43              if (reader!=null){
44                  try {
45                      reader.close();
46                  }catch (IOException e){
47                      e.printStackTrace();
48                  }
49              }
50              if (connection!=null){
51                  connection.disconnect();
52              }
53          }
54      }
55    }).start();
56  }
57  private void showResponse(final String response){
58      runOnUiThread(new Runnable() {
59        @Override
60  public void run() {
61          responseText.setText(response);
62  }
63      });
64    }
65  }
```

运行结果如图 7-2-1 所示。

◆ 案例分析

文件 MainActivity.java 代码分析如下：

行 1：实现监听器 implements View.OnClickListener，用于监听按钮点击动作。

行 2～3：声明按钮和文本变量。

行 8～9：根据 ID 查找按钮 Button 和 TextView 组件。

行 10：给按钮添加动作监听。

行 13～17：按钮 click 动作执行 httpGetMsg()方法。

行 20：准备新线程以获取数据。

行 26～27：首先需要获取到 HttpURLConnection 的实例，一般只需实例化一个 URL 对象，并传入目标网络地址，然后调用 openConnection()方法即可。

行 28：设置 HTTP 请求所使用的方法 GET，表示从服务器获取数据。

行 29：设置连接超时的毫秒数。

行 30：设置读取超时的毫秒数。

行 31：调用 getInputStream()方法就可以获取服务器返回的输入流了。

行 33：开始读取输入流。

行 39：调用 showResponse 方法显示结果。

行 51：调用 disconnect()方法将 HTTP 连接关闭。

行 57～65：调用 showResponse 方法，用于显示结果。

行 61：将结果数据放入 TextView 控件。

◆ 相关知识

HTTP(HyperText Transfer Protocol)的中文全称是超文本传输协议，它是一种为分布式、合作式、多媒体信息系统服务，面向应用层的协议，目前是 Internet 上使用最广泛的应用层协议之一。它基于传输层的 TCP 协议进行通信，HTTP 协议是通用的、无状态的协议。

HTTP 的工作原理十分简单，就是客户端向服务器发送一条 HTTP 请求，服务器收到请求之后会返回一些数据给客户端，然后客户端对这些数据进行解析和处理即可。

前面 7.1 节中的 WebView 控件就是一个很好的例子，用户向百度的服务器发起一条 HTTP 请求，接着服务器分析出用户想要访问的百度首页，于是把该网页的 html 代码返回，然后 WebView 在手机浏览器的内核对返回的 html 代码进行解析，最终将页面展示出来。简单地说，WebView 在后台帮完成了发送 HTTP 请求，接收服务响应，解析返回数据，以及界面展示等步骤。

在 Android 上发送 HTTP 请求的主要方式是使用 HttpURLConnection。其用法是：首先获取 HttpURLConnection 的实例，一般只需要新建一个 URL 对象，并传入目标的网络地址，然后调用 openConnection()方法即可。代码如下：

```
URL url-new URL("https://www.baidu.com");
HttpURLConnection connection=(HttpURLConnection)url.openConnection();
```

得到了 HttpURLConnection 的实例之后，就可以设置 HTTP 请求数据所使用的方法。常用的方法主要有两个：GET 和 POST。GET 表示希望从服务器那里获取的数据，而 post 则表示将数据提交给服务器。例如：

```
connextion.setRequestMethod("GET");
```

接下来就可以进行一些自由的定制了，比如设置连接超时、读取超时的毫秒数，以及服务器希望得到的一些消息头。这部分内容需要根据实际情况进行编写。例如：

```
connection.setConnectTimerout(8000);
```

```
connection.setReadTimesout(8000);
```

之后调用 getInputStream()方法就可以获取服务器返回的输入流，剩下的任务就是对数据流进行读取了。例如：

```
inputstram in=connection,getInputStream();
```

最后可以调用 disconnect()方法将这个 HTTP 连接关闭。例如：

```
connection.disconnect();
```

7.3 解析 XML 格式数据

◆ 任务目标

读取 XML 文件并输出。解析 XML 文件的运行效果如图 7-3-1 所示。

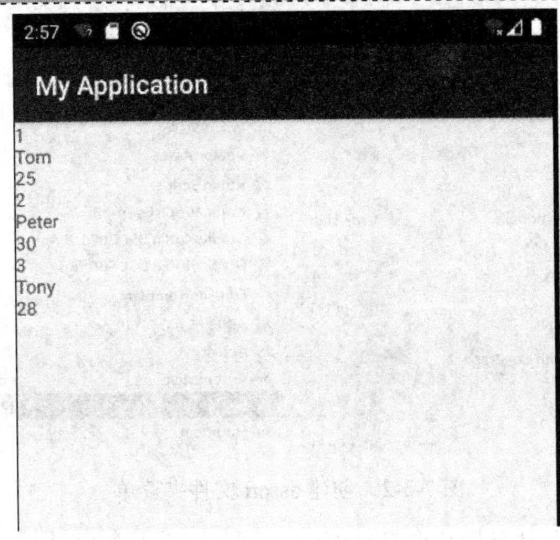

图 7-3-1 解析 XML 文件的运行结果

◆ 实施步骤

步骤 1：新建 Module，命名为 Ex7_3_1。如图 7-3-2 所示，在 Ex7_3_1 上单击鼠标右键选择【New】|【Folder】|【Assets Floder】,在界面中点击 Finish 按钮，创建 Assert 文件夹。在 Assert 文件夹中单击鼠标右键新建一个 File 文件，将其命名为 students.xml。students.xml 清单如下：

```
<Students>
  <student id="1">
    <name>Tom</name>
    <age>25</age>
  </student>
  <student id="2">
```

```
        <name>Peter</name>
        <age>30</age>
    </student>
    <student id="3">
        <name>Tony</name>
        <age>28</age>
    </student>
</Students>
```

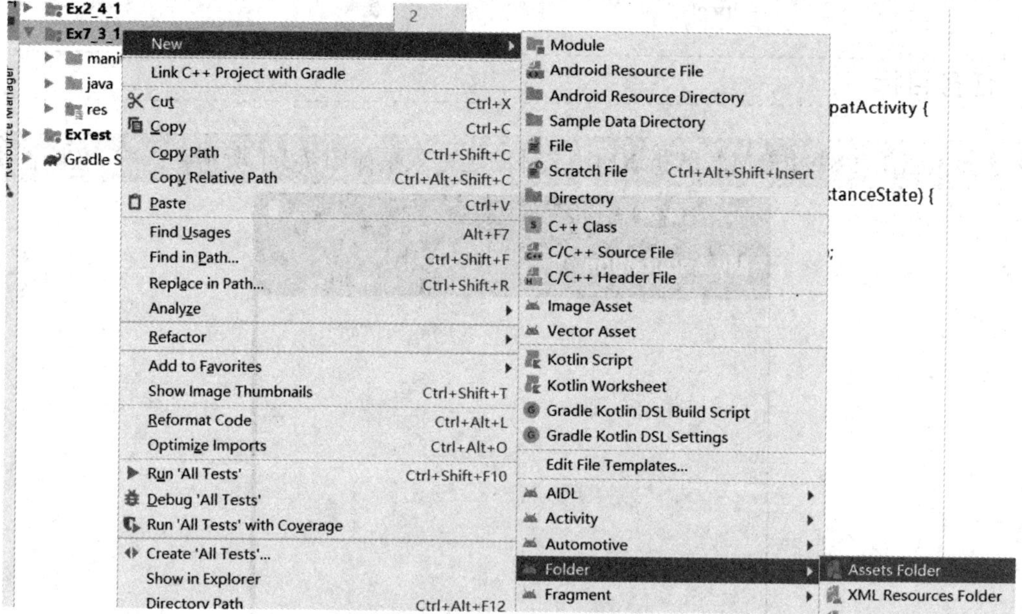

图 7-3-2　创建 assert 文件夹菜单

步骤 2：在布局文件中添加一个 TextView 控件，用于存放结果。清单如下：

```
    <TextView
    android:layout_width="wrap_content"
    android:layout_height="wrap_content"
    android:id="@+id/tv_show"/>
```

步骤 3：在 MainActivity.java 中修改代码。清单如下：

```
package com.example.ex7_3_1;

import androidx.appcompat.app.AppCompatActivity;
import android.os.Bundle;
import android.widget.TextView;
import org.w3c.dom.Document;
import org.w3c.dom.Element;
```

```
import org.w3c.dom.NodeList;
import org.xml.sax.SAXException;
import java.io.IOException;
import java.io.InputStream;
import javax.xml.parsers.DocumentBuilder;
import javax.xml.parsers.DocumentBuilderFactory;
import javax.xml.parsers.ParserConfigurationException;

public class MainActivity extends AppCompatActivity {
    private TextView tv_show;
    @Override
    protected void onCreate(Bundle savedInstanceState) {
        super.onCreate(savedInstanceState);
        setContentView(R.layout.activity_main);
        tv_show=(TextView)findViewById(R.id.tv_show);
        try{
            InputStream is=getAssets().open("students.xml");
            DocumentBuilderFactory dBuilderFactory= DocumentBuilderFactory.newInstance();
            DocumentBuilder dBuilder=dBuilderFactory.newDocumentBuilder();
            Document document=dBuilder.parse(is);
            Element element=(Element)document.getDocumentElement();
            NodeList nodeList=element.getElementsByTagName("student");
            for(int i=0;i<nodeList.getLength();i++){
                Element student=(Element)nodeList.item(i);
                tv_show.append(student.getAttribute("id")+"\n");
                tv_show.append(student.getElementsByTagName("name").item(0).
                getTextContent()+"\n");
                  tv_show.append(student.getElementsByTagName("age").item(0).
                  getTextContent()+"\n");
            }

        }catch(IOException e){
                e.printStackTrace();
        }catch(ParserConfigurationException e){
                e.printStackTrace();
        }catch(SAXException e){
                e.printStackTrace();
        }
    }
}
```

代码运行效果如图 7-3-1 所示。

◆ 案例分析

MainActivity.java 清单分析：

行 17：声明控件 TextView tv_show。

行 22：根据 ID 找到控件 tv_show。

行 24：传入文件名 students.xml；把要解析的 XML 文档转化为输入流，以便 DOM 解析器解析它。

行 25：创造 DocumentBuilderFactory 对象，得到创建 DOM 解析器的工厂。

行 26：获取 DocumentBuilder 得到 DOM 解析器对象。

行 27：将数据源转换成 document 对象。

行 28：得到 XML 文档的根节点。

行 29：获取子对象的数值读取 student 标签的内容。

行 30～37 循环获取标签内容。

行 32：通过 getAttribute 获取 id 的值。

行 33～34：获取 name 标签下的内容。

行 35～36：获取 age 标签下的内容。

◆ 相关知识

XML(Extensible Markup Language)的中文全称为可扩展标记语言，它有如下特性：

(1) XML 是一种很像 HTML 的标记语言。

(2) XML 的设计宗旨是传输数据，而不是显示数据。

(3) XML 标签没有被预定义，需要自行定义标签。

(4) XML 被设计为具有自我描述性。

(5) XML 是 W3C 的推荐标准。

当数据存储到 XML 中后，程序员就希望通过程序获取 XML 的内容。尽管使用 Java 基础所学的 IO 知识是可以完成的，但操作非常烦琐，且开发中会遇到不同的问题(只读问题、读写问题)。所以软件开发商为不同问题提供了不同的解析方式，使用不同的解析器进行解析，以方便开发人员操作 XML。

Android 中解析 XML 格式数据大致有以下三种方法：

(1) 使用 SAX 解析 XML。SAX(Simple API for XML) 使用流式处理的方式。它并不记录所读内容的相关信息，而是一种以事件为驱动的 XML API，解析速度快，占用内存少，使用回调函数来实现。SAX 的优点是处理速度快，可以处理大文件；缺点是只能读，逐行读后将释放资源，解析操作烦琐。

(2) 使用 DOM 解析 XML。DOM(Document Object Model) 是一种用于 XML 文档的对象模型，可用于直接访问 XML 文档的各个部分。它一次性全部将内容加载在内存中，生成一个树状结构，不涉及回调和复杂的状态管理。DOM 的优势是保留了结构关系，增删改方便；缺点是内存消耗大，可能出现内存溢出。

(3) 使用 PULL 解析 XML。PULL 内置于 Android 系统中，也是官方解析布局文件所使用的方式。PULL 与 SAX 类似，都提供了类似的事件，如开始元素和结束元素。不同的是，SAX 的事件驱动需要首先提供回调的方法，然后在 SAX 内部自动调用相应的方法；而 PULL 解析器并没有强制要求提供触发的方法，因为它触发的事件不是一个方法，而是一个数字。PULL 解析器使用方便，效率高。

7.4　解析 JSON 格式数据

◆ 任务目标

通过解析 JSON 数据显示不同地区的天气情况。运行效果如图 7-4-1 和图 7-4-2 所示。

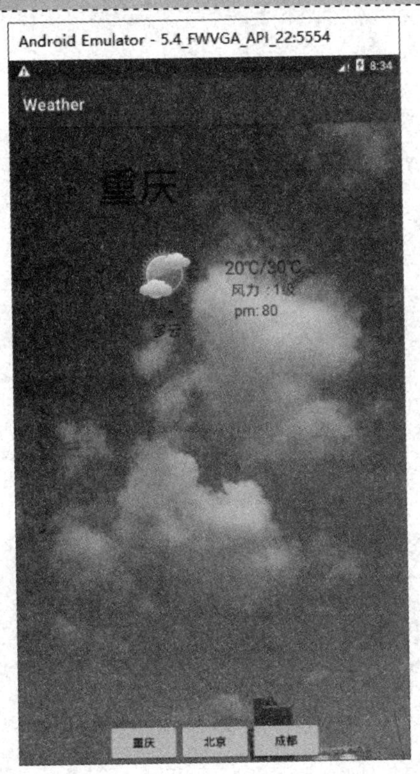

图 7-4-1　JSON 数据读取结果一

图 7-4-2　JSON 数据读取结果二

◆ 实施步骤

步骤 1：新建 Module，命名为 Ex7_4_1，在 Ex7_4_1 名字上单击鼠标右键，在弹出菜单中选择【New】|【Folder】|【Raw Resources Folder】。创建完毕后在 res|raw 中新建 JSON 文件，在 JSON 文件中添加如下内容：

```
[
    {"temp":"20℃/30℃","weather":"多云","name":"重庆","pm":"80","wind":"1级"},
    {"temp":"15℃/24℃","weather":"晴","name":"北京","pm":"265","wind":"3级"},
    {"temp":"26℃/32℃","weather":"多云","name":"成都","pm":"30","wind":"2级"}
]
```

步骤2：将所需图片素材(如背景和天气标志等)放入drawable中，编写完成activity_main.xml。清单如下：

```
<RelativeLayout xmlns:android="http://schemas.android.com/apk/res/android"
    xmlns:tools="http://schemas.android.com/tools"
    android:layout_width="match_parent"
    android:layout_height="match_parent"
    android:background="@drawable/weather"
    tools:context=".MainActivity">
    <TextView
        android:id="@+id/tv_city"
        android:layout_width="wrap_content"
        android:layout_height="wrap_content"
        android:layout_alignEnd="@+id/tv_weather"
        android:layout_alignParentTop="true"
        android:layout_alignRight="@+id/tv_weather"
        android:layout_marginTop="39dp"
        android:text="广州"
        android:textSize="50sp"/>
    <ImageView
        android:id="@+id/iv_icon"
        android:layout_width="70dp"
        android:layout_height="70dp"
        android:layout_alignLeft="@+id/ll_btn"
        android:layout_alignStart="@+id/ll_btn"
        android:layout_below="@+id/tv_city"
        android:layout_marginLeft="44dp"
        android:layout_marginStart="44dp"
        android:layout_marginTop="42dp"
        android:paddingBottom="5dp"
        android:src="@mipmap/ic_launcher"/>
    <TextView
        android:id="@+id/tv_weather"
        android:layout_width="wrap_content"
        android:layout_height="wrap_content"
```

```
            android:layout_alignRight="@+id/iv_icon"
            android:layout_below="@+id/iv_icon"
            android:layout_marginRight="15dp"
            android:layout_marginTop="18dp"
            android:gravity="center"
            android:text="多云"
            android:textSize="18sp"/>
        <LinearLayout
            android:layout_width="wrap_content"
            android:layout_height="wrap_content"
            android:layout_alignTop="@+id/iv_icon"
            android:layout_marginLeft="39dp"
            android:layout_marginStart="39dp"
            android:layout_toEndOf="@+id/iv_icon"
            android:layout_toRightOf="@+id/iv_icon"
            android:gravity="center"
            android:orientation="vertical">
            <TextView
                android:id="@+id/tv_temp"
                android:layout_width="wrap_content"
                android:layout_height="wrap_content"
                android:layout_marginTop="10dp"
                android:gravity="center_vertical"
                android:text="-7℃"
                android:textSize="22sp"/>
            <TextView
                android:id="@+id/tv_wind"
                android:layout_width="wrap_content"
                android:layout_height="wrap_content"
                android:text="风力:3 级"
                android:textSize="18sp"/>
            <TextView
                android:id="@+id/tv_pm"
                android:layout_width="73dp"
                android:layout_height="wrap_content"
                android:text="pm"
                android:textSize="18sp"/>
        </LinearLayout>
        <LinearLayout
```

```
                android:id="@+id/ll_btn"
                android:layout_width="wrap_content"
                android:layout_height="wrap_content"
                android:layout_alignParentBottom="true"
                android:layout_centerHorizontal="true"
                android:orientation="horizontal">
                <Button
                    android:id="@+id/btn_cq"
                    android:layout_width="wrap_content"
                    android:layout_height="wrap_content"
                    android:text="重庆"/>
                <Button
                    android:id="@+id/btn_bj"
                    android:layout_width="wrap_content"
                    android:layout_height="wrap_content"
                    android:text="北京"/>
                <Button
                    android:id="@+id/btn_cd"
                    android:layout_width="wrap_content"
                    android:layout_height="wrap_content"
                    android:text="成都"/>
        </LinearLayout>
    </RelativeLayout>
```

步骤 3：添加 WeatherInfo.java。清单如下：

```
public class WeatherInfo {
    private String id;
    private String temp;
    private String weather;
    private String name;
    private String pm;
    private String wind;

    public String getId() {
        return id;
    }

    public void setId(String id) {
        this.id = id;
    }
```

```
    public String getTemp() {
        return temp;
    }

    public void setTemp(String temp) {
        this.temp = temp;
    }

    public String getWeather() {
        return weather;
    }

    public void setWeather(String weather) {
        this.weather = weather;
    }

    public String getName() {
        return name;
    }

    public void setName(String name) {
        this.name = name;
    }

    public String getPm() {
        return pm;
    }

    public void setPm(String pm) {
        this.pm = pm;
    }

    public String getWind() {
        return wind;
    }

    public void setWind(String wind) {
        this.wind = wind;
```

```
        }
}
```

步骤 4：下载导入 gson.Jar 包(详见后面“使用 gson 解析 JSQN 数据”内容)，编写 WeatherService.java 解析类。清单如下：

```
import com.google.gson.Gson;
import com.google.gson.reflect.TypeToken;
import java.io.IOException;
import java.io.InputStream;
import java.lang.reflect.Type;
import java.util.List;

public class WeatherService {
    public static List<WeatherInfo> getInfosFromJson(InputStream is)
            throws IOException {
        byte[] buffer = new byte[is.available()];
        is.read(buffer);
        String json = new String(buffer, "utf-8");
        Gson gson = new Gson();
        Type listType = new TypeToken<List<WeatherInfo>>() { }.getType();
        List<WeatherInfo> weatherInfos = gson.fromJson(json, listType);
        return weatherInfos;
    }

}
```

步骤 5：完成 MainActivity.java 代码编写。清单如下：

```
import android.support.v7.app.AppCompatActivity;
import android.os.Bundle;
import android.view.View;
import android.widget.ImageView;
import android.widget.TextView;
import android.widget.Toast;

import java.io.InputStream;
import java.util.ArrayList;
import java.util.HashMap;
import java.util.List;
import java.util.Map;

```

```
public class MainActivity extends AppCompatActivity implements View.OnClickListener {

    private TextView tvCity;
    private TextView tvWeather;
    private TextView tvTemp;
    private TextView tvWind;
    private TextView tvPm;
    private ImageView ivIcon;
    private Map<String, String> map;
    private List<Map<String, String>> list;
    private String temp, weather, name, pm, wind;
    @Override
    protected void onCreate(Bundle savedInstanceState) {
        super.onCreate(savedInstanceState);
        setContentView(R.layout.activity_main);
        initView();
        try {
            InputStream is = this.getResources().openRawResource(R.raw.weather1);
            List<WeatherInfo> weatherInfos = WeatherService.getInfosFromJson(is);
            list = new ArrayList<Map<String, String>>();
            for (WeatherInfo info : weatherInfos) {
                map = new HashMap<String, String>();
                map.put("temp", info.getTemp());
                map.put("weather", info.getWeather());
                map.put("name", info.getName());
                map.put("pm", info.getPm());
                map.put("wind", info.getWind());
                list.add(map);
            }
        } catch (Exception e) {
            e.printStackTrace();
            Toast.makeText(this, "解析失败", Toast.LENGTH_SHORT).show();
        }
        getMap(1, R.drawable.sun);
    }
    private void initView() {
        tvCity = (TextView) findViewById(R.id.tv_city);
        tvWeather = (TextView) findViewById(R.id.tv_weather);
        tvTemp = (TextView) findViewById(R.id.tv_temp);
```

```
            tvWind = (TextView) findViewById(R.id.tv_wind);
            tvPm = (TextView) findViewById(R.id.tv_pm);
            ivIcon = (ImageView) findViewById(R.id.iv_icon);
            findViewById(R.id.btn_cq).setOnClickListener(this);
            findViewById(R.id.btn_bj).setOnClickListener(this);
            findViewById(R.id.btn_cd).setOnClickListener(this);
        }
        @Override
        public void onClick(View v) {      //按钮的点击事件
            switch (v.getId()) {
                case R.id.btn_cq:
                    getMap(0, R.drawable.cloud_sun);
                    break;
                case R.id.btn_bj:
                    getMap(1, R.drawable.sun);
                    break;
                case R.id.btn_cd:
                    getMap(2, R.drawable.clouds);
                    break;
            }
        }

        private void getMap(int number, int iconNumber) {
            Map<String, String> cityMap = list.get(number);
            temp = cityMap.get("temp");
            weather = cityMap.get("weather");
            name = cityMap.get("name");
            pm = cityMap.get("pm");
            wind = cityMap.get("wind");
            tvCity.setText(name);
            tvWeather.setText(weather);
            tvTemp.setText("" + temp);
            tvWind.setText("风力  : " + wind);
            tvPm.setText("pm: " + pm);
            ivIcon.setImageResource(iconNumber);
        }
    }
```

程序运行后的效果如图 7-4-1 和图 7-4-2 所示。

◆ 案例分析

WeatherService.java 文件中：

行 9：解析 Json 文件返回天气信息的集合。

行 14：使用 Gson 库解析 Json 数据。

行 15：返回读取的信息。

MainActivity.java 文件中：

行 29：调用 initView()初始化文本控件。

行 31：读取 weather1.json 文件，其位置为 R.raw.weather1。

行 32：把每个城市的天气信息集合存到 weatherInfos 中。

行 34～42：循环读取 weatherInfos 中的每一条数据。

行 47：自定义 getMap()方法，显示天气信息到文本控件中。

行 49～59：设置 initView()初始化控件。

行 61～73:根据按钮 ID 调用 getMap()方法显示不同数据。

行 75～88：将城市天气信息分条展示到界面上。

◆ 相关知识

JSON(JavaScript Object Notation)是一种轻量级的数据交换格式。因为解析 XML 比较复杂，而且需要编写大段代码，所以客户端和服务器的数据交换格式往往通过 JSON 来进行交换。尤其对于 Web 开发来说，JSON 数据格式在客户端直接可以通过 JavaScript 等前端代码来进行解析。

1. JSON 键值对

JSON 一共有两种数据结构。一种是以键值对(key/value)形式存在的无序的 jsonObject 对象。一个对象以“{”(左花括号)开始，以“}”(右花括号)结束，每个名称后跟一个“:”(冒号)，键值对之间使用“,”(逗号)分隔，如图 7-4-3 所示。

例如：

```
{"firstName": "Json"}
```


图 7-4-3　key/value 形式 JSON 数据结构示意

这是一个最简单的 JSON 对象。对于这种数据格式，key 值必须是 string 类型；而对于 value，则可以是 string、number、object、array 等数据类型。

另一种数据格式就是有序的 value 的集合，这种形式被称为 jsonArray。数组是值(value)的有序集合。一个数组以“[”(左中括号)开始，以“]”(右中括号)结束，值之间使用“,”

(逗号)分隔，如图 7-4-4 所示。

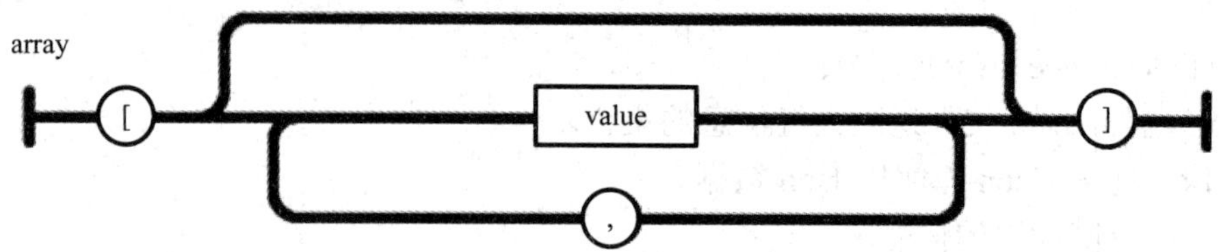

图 7-4-4　有序 value 集合形式 JSON 数据结构示意

例如：

```
{
"people":[
        {"firstName": "Brett","lastName":"McLaughlin"},
        {"firstName":"Jason","lastName":"Hunter"}
        ]
}
```

2. JSON 数据的解析

常见的 JSON 解析库有 org.json、gson、json-lib、json-simple 等。

1) 使用 org.json 解析 JSON

Android SDK 中提供了 org.json，用来解析 JSON 数据。

JSONObject 类表示一个可更改且无序的键值对集合，也可以直接表示一个 JSON 的信息。在这个类中，其键名是唯一且不为 null 的字符串。其值可以为 JSONObject、JSONArray、Strings、Booleans、Integers、Longs、Double 或者 JSONObject.NULL。注意，这里的 NULL 不是 null，而是 JSONObject 的一个内部类。

对于这个类，要注意在调用时，该类会按照调用的方法进行类型转换。下面就介绍三个类函数：

getXXX()：用于获取一个值。此方法如果发生失败，例如没有找到对应的键值或类型转换失败，就会抛出一个 JSONException 异常，如 getString、getInt。

optXXX()：用于获取一个值。此方法如果发生失败，不会抛出异常，而是返回一个默认值，如 optInt、optString。

put()：向对象中插入一个键值对。要特别注意的是，插入此类中的 NULL 与 Java 中的 null 是不一样的，它仅仅是 JSONObject 中用于标识 null 的对象。例如：

(1) put(name, null)：移除该对象中对应的键值。

(2) put(name, JSONObject.NULL)：向对象中添加一个键值，其值为 JSONObject.NULL。

解析示例如下：

```
JSONObject jsonObject = new JSONObject(jsondata);
String firstName = jsonObject.optString("firstName");
String lastName = jsonObject.optString("lastName");
Log.i("swifter", firstName + " " + lastName);      //输出
jsonObject.put("firstName", "Avril");
```

JSONArray 类用于处理数组，也有 getXXX()和 optXXX()方法，但是基本都需要传入索引值。

这个类的很多性质都与 JSONObject 一样，比如类型转换，又如对于 NULL 和 null 的处理，有 get、put、opt 方法等，所以只要熟悉 JSONObject，那么使用这个类也会非常容易。使用方法示例：

```
JSONArray jsonArray = new JSONArray("[10,11,12,13,14,15,16]");
for(int index = 0;index<jsonArray.length();index++) {
Log.i("data",index+":"+jsonArray.getInt(index));
}
```

2) 使用 gson 解析 JSON 数据

gson 是 Google 提供的解析 JSON 的一个开源类库。使用前需要先将 gson.Jar 添加到项目中(gson 库的使用方法可参考 https://mvnrepository.com/artifact/com.google.code.gson/gson)才能使用其提供的方法。将项目切换到 project 模式，把下载的 jar 包放入 app→libs 中，使用组合键 Ctrl+Alt+Shift+s，出现 Project Structure 界面，然后在 Dependencies 中添加依赖，如图 7-4-5 所示。

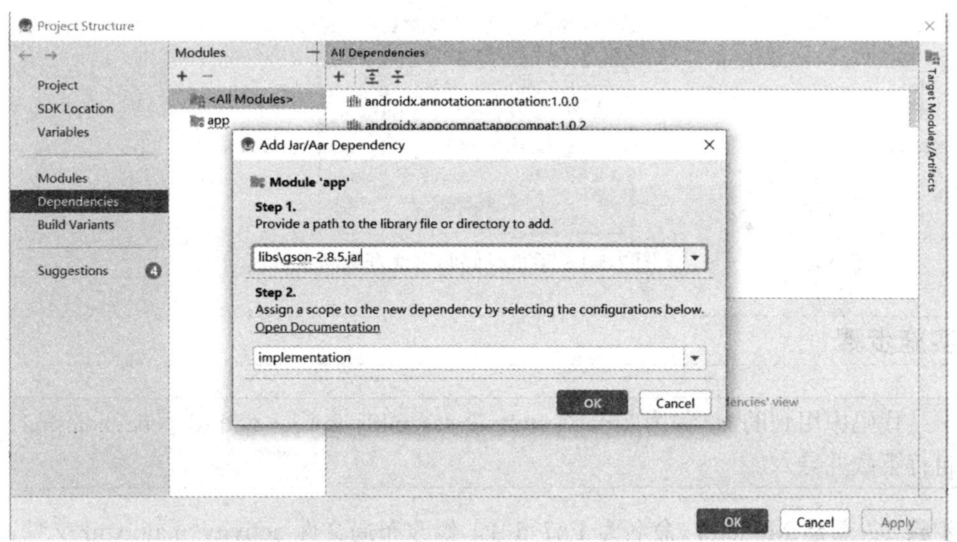

图 7-4-5　添加 gson.Jar

使用 gson 可以非常轻松地实现数据对象和 JSON 对象的相互转换，其中最常用的方法有两个：一个是 fromJSON()，将 JSON 对象转换成需要的数据对象；另一个是 toJSON()，将数据对象转换成 JSON 对象。

示例如下：

```
Gson gson = new Gson();// 使用 new 方法
String jsonStr = gson.toJson(user, User.class); // toJson 将 bean 对象转换为 json 字符串
Student user= gson.fromJson(jsonStr, User.class); // fromJson 将 JSON 字符串转换为 bean 对象
String jsonStr2 = gson.toJson(list); // 序列化 List
// **反序列化成 List 时需要使用到 TypeToken getType()**
List<User> retList = gson.fromJson(jsonStr2,new TypeToken<List<User>>(){}.getType());
```

7.5　使用 WebService

◆ 任务目标

使用 WebService 制作手机号码归属地查询页面。效果如图 7-5-1 所示。

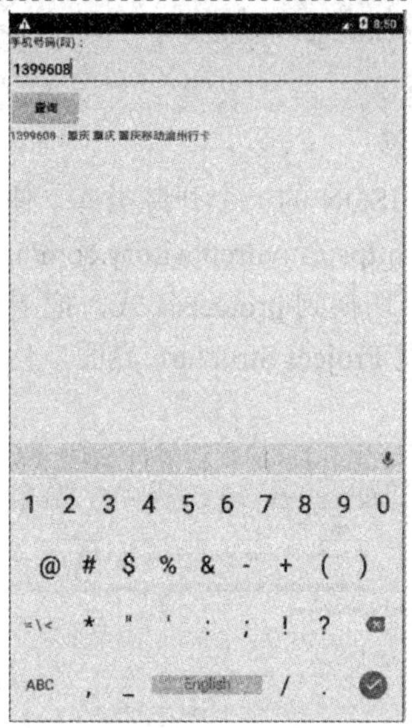

图 7-5-1　手机号码归属地查询结果

◆ 实施步骤

代码中用到的 jar 包为 ksoap2-android-assembly-2.4-jar-with-dependencies.jar，需程序员自行下载并导入。

步骤 1：新建 Module，命名为 Ex7_5_1。修改布局文件 activity_main.xml 文件，包括标题 TextView(手机号码段)、EditText(用于输入手机号码)、Button(作为查询按钮)、另一个 TextView(用于显示结果)。清单如下：

```
<?xml version="1.0" encoding="utf-8"?>
<androidx.constraintlayout.widget.ConstraintLayout
xmlns:android="http://schemas.android.com/apk/res/android"
    xmlns:app="http://schemas.android.com/apk/res-auto"
    xmlns:tools="http://schemas.android.com/tools"
    android:layout_width="match_parent"
    android:layout_height="match_parent"
    tools:context=".MainActivity">
    <TextView
```

```
            android:id="@+id/tv1"
            android:layout_width="fill_parent"
            android:layout_height="wrap_content"
            android:text="手机号码(段)：" />
        <EditText
            android:id="@+id/phone_sec"
            android:layout_width="fill_parent"
            android:layout_height="wrap_content"
            android:inputType="textPhonetic"
            android:singleLine="true"
            android:hint="例如：1398547"
            app:layout_constraintTop_toBottomOf="@id/tv1"/>
        <Button
            android:id="@+id/query_btn"
            android:layout_width="wrap_content"
            android:layout_height="wrap_content"
            android:layout_gravity="right"
            android:text="查询"
            app:layout_constraintTop_toBottomOf="@id/phone_sec" />
        <TextView
            android:id="@+id/result_text"
            android:layout_width="wrap_content"
            android:layout_height="wrap_content"
            android:layout_gravity="center_horizontal|center_vertical"
            app:layout_constraintTop_toBottomOf="@id/query_btn"/>
    </androidx.constraintlayout.widget.ConstraintLayout>
```

步骤2：在MainActivity.java程序中添加代码。清单如下：

```
        import org.ksoap2.SoapEnvelope;
        import org.ksoap2.serialization.SoapObject;
        import org.ksoap2.serialization.SoapSerializationEnvelope;
        import org.ksoap2.transport.HttpTransportSE;
        import android.os.Build;
        import android.os.Bundle;
        import android.os.StrictMode;
        import android.app.Activity;
        import android.view.Menu;
        import android.view.View;
        import android.view.View.OnClickListener;
        import android.widget.Button;
        import android.widget.EditText;
```

```
        import android.widget.TextView;
        import android.widget.Toast;

        public class MainActivity extends Activity {
            private Button searchButton;
            private EditText numEditText;
            private TextView resultTextView;

            @Override
         protected void onCreate(Bundle savedInstanceState) {
        super.onCreate(savedInstanceState);
        setContentView(R.layout.activity_main);

        searchButton = (Button)findViewById(R.id.query_btn);

        numEditText = (EditText)findViewById(R.id.phone_sec);
        resultTextView = (TextView)findViewById(R.id.result_text);

        searchButton.setOnClickListener(new SearchBtnOnclickListener());
        if (Build.VERSION.SDK_INT>= 11) {
StrictMode.setThreadPolicy(new                    StrictMode.ThreadPolicy.Builder().detectDiskReads
().detectDiskWrites().detectNetwork().penaltyLog().build());
        StrictMode.setVmPolicy(new StrictMode.VmPolicy.Builder().
        detectLeakedSqlLiteObjects().
        detectLeakedClosableObjects().penaltyLog().penaltyDeath().build());
                }
            }

    class SearchBtnOnclickListener implements OnClickListener{

                @Override
          public void onClick(View arg0) {
               // TODO Auto-generated method stub
              String phoneNum = numEditText.getText().toString().trim();
             if ("".equals(phoneNum) || phoneNum.length() < 7) {
        Toast.makeText(getApplicationContext(), "号码太短！ ",Toast.LENGTH_LONG)
        .show();
             numEditText.requestFocus();
              return;
              }
```

```
54            resultTextView.setText(getRemoteInfo(phoneNum));
55          }
56      }
57
58      public String getRemoteInfo(String phoneSec) {
59          String nameSpace = "http://WebXml.com.cn/";
60          String methodName = "getMobileCodeInfo";
61          String endPoint = "http://ws.webxml.com.cn/WebServices/MobileCodeWS.asmx";
62          String soapAction = "http://WebXml.com.cn/getMobileCodeInfo";
63          SoapObject rpc = new SoapObject(nameSpace, methodName);
64          rpc.addProperty("mobileCode", phoneSec);
65          rpc.addProperty("userId", "");
66          SoapSerializationEnvelope envelope = new SoapSerializationEnvelope(
67                              SoapEnvelope.VER11);
68          envelope.bodyOut = rpc;
69          envelope.dotNet = true;
70
71          envelope.setOutputSoapObject(rpc);
72          HttpTransportSE transport = new HttpTransportSE(endPoint);
73
74        try {
75          transport.call(soapAction, envelope);
76        } catch (Exception e) {
77              e.printStackTrace();
78        }
79          SoapObject object = (SoapObject) envelope.bodyIn;
80          String result = object.getProperty("getMobileCodeInfoResult")
81                              .toString();
82          return result;
83        }
84    }
```

程序运行结果如图 7-5-1 所示。

◆ 案例分析

MainActivity.java 清单分析如下：

行 1～15：导入相关类库。

行 48～53：判断手机号码长度不能少于 7 个数字。

行 54：调用 getRemoteInfo 方法返回结果。

行 59：为网络服务的命名空间。

行 60：为调用的方法名称。

行 61：定义网络地址(http://ws.webxml.com.cn/WebServices/MobileCodeWS.asmx)。

行 62：定义 SOAP Action。

行 63：实例化对象，指定 WebService 的命名空间和调用的方法名。

行 64～65：设置 WebService 接口需要传入的两个参数 mobileCode、userId，不可以随便写，必须和网络资源中提供的参数名相同。

行 66～67：生成调用 WebService 方法的 SOAP 请求信息,并指定 SOAP 的版本。

行 69：设置调用的是否是 dotNet 开发的 WebService。

行 77：调用 WebService。

行 82：获取返回的数据结果。

◆ 相关知识

WebService(Web 服务)是一个用于支持网络间不同机器互相操作的软件系统，是一种自包含、自描述和模块化的应用程序，可以在网络中被描述、发布和调用，可以将它看作是基于网络的、分布式的模块化组件。WebService 建立在通用协议(如 HTTP、SOAP、UDDI、WSDL 等)的基础之上。WebService 的优势在于提供了不同应用程序平台之间的相互操作，它使得基于组件的开发和 Web 相结合的效果达到最佳。

> 提供 WebService 的站点有很多，找到这些站点，然后获取相应的服务即可。有一些服务可能需要付费才能使用。

SOAP(Simple Object Access Protocol，简单对象访问协议)是一种轻量级的、简单的、基于 XML 的协议，是一个用于在分布式环境中交换格式化和固化信息的简单协议。也就是说，要进行通信，进行数据的访问传输，就必须依赖一定的协议，而 SOAP 正是 WebService 通信中所依赖的一种协议。

WSDL(Web Service Description Language，Web 服务描述语言)是一种用来描述 Web 服务的 XML 语言，它描述了 Web 服务的功能、接口、参数、返回值等，便于程序开发员绑定和调用服务。它以一种和具体语言无关的方式定义了给定 Web 服务调用和应答的相关操作和消息。

通常所说的 WebService 都是远程的某个服务器对外开放了某种服务，或者理解为对外公开了某个功能或者方法，通过编程来传入一些参数，即可返回所需要的信息。例如，www.webxml.com.cn 对外公开了手机号码归属地查询服务，用户只需要在调用该服务时传入一个手机号段(号码)，就能立即获取该号段的归属地信息。

7.6　综 合 案 例

◆ 任务目标

制作一个简易天气预报 App。效果如图 7-6-1 所示。

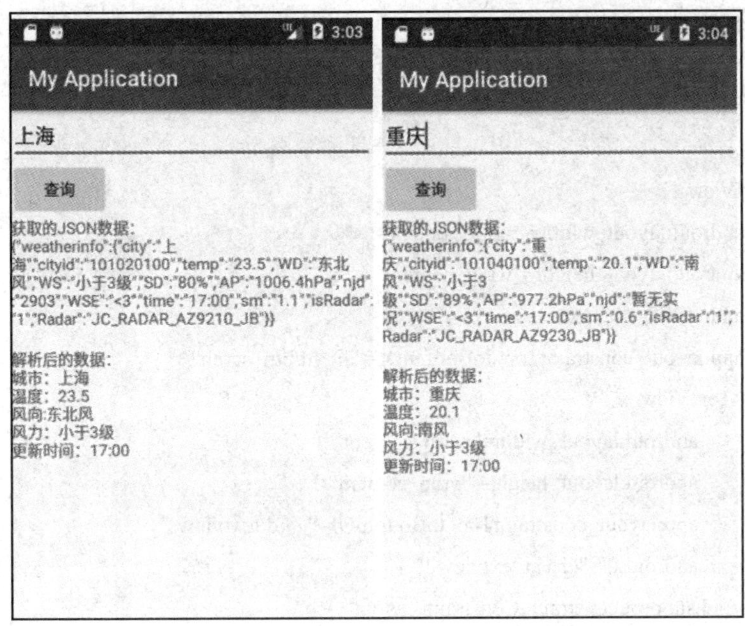

图 7-6-1　天气情况查询结果

◆ 实施步骤

步骤 1：新建 Module，命名为 Ex7_6_1，在主界面 activity_main.xml 中添加一个 EditText(用于输入地名)、一个 Button 按钮(用于查询)和两个 TextView(分别用于显示获取到的原始数据和解析后的数据)。清单如下：

```
<?xml version="1.0" encoding="utf-8"?>
<android.support.constraint.ConstraintLayout
xmlns:android="http://schemas.android.com/apk/res/android"
    xmlns:app="http://schemas.android.com/apk/res-auto"
    xmlns:tools="http://schemas.android.com/tools"
    android:layout_width="match_parent"
    android:layout_height="match_parent"
    tools:context=".MainActivity">
<EditText
    android:layout_width="match_parent"
    android:layout_height="wrap_content"
    android:id="@+id/et_city"
    android:text="重庆"/>
<Button
    android:layout_width="wrap_content"
    android:layout_height="wrap_content"
    android:id="@+id/btn_serch"
```

```
        android:text="查询"
        app:layout_constraintTop_toBottomOf="@+id/et_city"
        android:onClick="getId"/>

    <TextView
        android:layout_width="wrap_content"
        android:layout_height="wrap_content"
        android:id="@+id/textview1"
        app:layout_constraintTop_toBottomOf="@+id/btn_serch"/>
        <TextView
            android:layout_width="wrap_content"
            android:layout_height="wrap_content"
            app:layout_constraintTop_toBottomOf="@id/textview1"
            android:id="@+id/textview2"/>
    </android.support.constraint.ConstraintLayout>
```

步骤 2：新建 htmlService.java 文件，用于读取网络数据。清单如下：

```
public class HtmlServices {
    public static String getHtml(String path) throws Exception {
        URL url = new URL(path);
        HttpURLConnection conn = (HttpURLConnection)url.openConnection();
        conn.setRequestMethod("GET");
        conn.setConnectTimeout(5 * 1000);
        InputStream inStream = conn.getInputStream();//输入流获取 html 数据
        byte[] data = readInputStream(inStream);//得到 html 的二进制数据
        String html = new String(data, "UTF-8");
        return html;
    }
    public static byte[] readInputStream(InputStream inStream) throws Exception{
        ByteArrayOutputStream outStream = new ByteArrayOutputStream();
        byte[] buffer = new byte[1024];
        int len = 0;
        while( (len=inStream.read(buffer)) != -1 ){
            outStream.write(buffer, 0, len);
        }
        inStream.close();
        return outStream.toByteArray();
    }
}
```

步骤 3：新建数据操作 JavaBean 文件 WeatherInfo.java。清单如下：

```
public class WeatherInfo {
    private String cityName;//地名
    private String temp;//温度
    private String WD;//风向
    private String WS;//风力
    private String SD;//湿度
    private String time;//更新时间

    public String getTime() {
        return time;
    }

    public void setTime(String time) {
        this.time = time;
    }
    public String getCityName() {
        return cityName;
    }
    public void setCityName(String cityName) {
        this.cityName = cityName;
    }
    public String getTemp() {
        return temp;
    }
    public void setTemp(String temp) {
        this.temp = temp;
    }
    public String getWD() {
        return WD;
    }
    public void setWD(String WD) {
        this.WD = WD;
    }
    public String getWS() {
        return WS;
    }
    public void setWS(String WS) {
```

```
            this.WS = WS;
        }
        public String getSD() {
            return SD;
        }
        public void setSD(String SD) {
            this.SD = SD;
        }
    }
```

步骤 4：主程序用于查询数据库得到城市编码，并根据编码查询相应的天气数据。修改 MainActivity.java 代码。清单如下：

```
public class MainActivity extends AppCompatActivity {
    private EditText et_city;
    private Button btn_serch;
    private String html;
    public SQLiteDatabase db;
    private TextView textView1;
    private TextView textView2;
    DBHelper myhelper;
    public int cityId;
    public static String DB_PATH = "/data/data/com.example.myapplication/" + "databases/";
    public static String SRC_DB_FILE_NAME = "cityId.db";

    @Override
    protected void onCreate(Bundle savedInstanceState) {
        super.onCreate(savedInstanceState);
        setContentView(R.layout.activity_main);
        textView1 = (TextView) findViewById(R.id.textview1);
        textView2=(TextView)findViewById(R.id.textview2);
        et_city = (EditText) findViewById(R.id.et_city);
        btn_serch = (Button) findViewById(R.id.btn_serch);
        readDb();
    }

  public void getId(View view){
        myhelper = new DBHelper(this);
        Cursor c=myhelper.query();
        c.moveToFirst();
        cityId=c.getInt(c.getColumnIndex("CityId"));
```

```
            Toast.makeText(this, ""+cityId, Toast.LENGTH_SHORT).show();
            thread();
        }

    private SQLiteDatabase readDb(){
            File dir = new File(DB_PATH);
            if (!dir.exists()) {
                dir.mkdir();
            }
            String srcDbName = DB_PATH + SRC_DB_FILE_NAME;
            try {
                InputStream inputStream = getResources().getAssets().open("cityId.db");
                FileOutputStream fos = new FileOutputStream(srcDbName);
                byte[] buf = new byte[1024 * 8];
                int len = 0;
                while ((len = inputStream.read(buf)) != -1) {
                    fos.write(buf, 0, len);
                }
                fos.close();
                inputStream.close();

                SQLiteDatabase database = SQLiteDatabase.openOrCreateDatabase(srcDbName,
null);
                return database;
            } catch (IOException e) {
                e.printStackTrace();
                return null;
            }
        }

    public class DBHelper extends SQLiteOpenHelper {
            public DBHelper(Context context) {
                super(context, "cityId.db", null, 1);
            }
            @Override
            public void onCreate(SQLiteDatabase db) {
            }

            @Override
```

```
            public void onUpgrade(SQLiteDatabase db, int oldVersion, int newVersion) {
            }
            public Cursor query()
            {
                String cityname=et_city.getText().toString();
                SQLiteDatabase db=getWritableDatabase();
                Cursor c=db.query("city", null, "County=?", new String[]{cityname}, null, null,
null);
               return c;
            }
        }
    public void thread(){
        Thread thread = new Thread(new Runnable() {
            @Override
            public void run() {
                try {
                    html                                                                   =
HtmlServices.getHtml("http://www.weather.com.cn/data/sk/"+cityId+".html");
                } catch (Exception e) {
                    e.printStackTrace();
                }
                textView1.post(new Runnable() {
                    @Override
                    public void run() {
                        textView1.setText("获取的 JSON 数据：\n"+html);
                        WeatherInfo weather = new WeatherInfo();
                        try {JSONTokener jsonParser = new JSONTokener(html);
                          JSONObject object = (JSONObject) jsonParser.nextValue();
                          JSONObject details = object.getJSONObject("weatherinfo");
                            String city = details.getString("city");
                            String temp=details.getString("temp");
                            String WD=details.getString("WD");
                            String WS=details.getString("WS");
                            String time=details.getString("time");
                           textView2.setText("\n 解析后的数据：\n" +
                                   "城市："+city+"\n 温度："+temp+"\n 风向:"+WD+
```

```
107                                     "\n 风力："+WS+"\n"+"更新时间："+time);
108                             } catch (JSONException e) {
109                                 System.out.println("test");
110                                 e.printStackTrace();
111                             }
112                         }
113                     });
114                 }
115             });
116             thread.start();
117         }
118     }
```

示例运行结果如图 7-6-1 所示。

◆ 案例分析

在清单文件中需要添加网络服务：

```
<uses-permission android:name="android.permission.INTERNET"/>
```

程序中使用的数据库 cityId 的表 city 数据如图 7-6-2 所示。

rowid	CityId	County	City	Province
Click here to define a filter				
5	101010400	顺义	北京	北京
6	101010500	怀柔	北京	北京
7	101010600	通州	北京	北京
8	101010700	昌平	北京	北京
9	101010800	延庆	北京	北京
10	101010900	丰台	北京	北京
11	101011000	石景山	北京	北京
12	101011100	大兴	北京	北京
13	101011200	房山	北京	北京
14	101011300	密云	北京	北京
15	101011400	门头沟	北京	北京
16	101011500	平谷	北京	北京
17	101020100	上海	上海	上海
18	101020200	闵行	上海	上海
19	101020300	宝山	上海	上海
20	101020500	[illegible]	[illegible]	[illegible]

图 7-6-2　地区编码表 city

主程序 MainActivity.java 代码分析如下：

行 10：定义数据库地址。

行 11：定义数据库的名称。

行 21：调用 33 行的数据库复制读取。

行 24～31：查询按钮动作。

行 25：实例化数据库操作。

行 26：返回数据查询结果游标。

行 28：返回用于网络查询的城市编码。

行 30：执行 84 行开始的查询天气线程。

行 33～57：读取 assets 中的数据库放入系统中。

行 59～78：定义 DBHelper 用于数据库操作。

行 73：获得 SQLiteDatabase 实例。

行 74～75：查询数据库获得 Cursor 游标。

行 79：开启新线程查询网络数据(不能在主线程查询)。

行 85：查询地址使用 http://www.weather.com.cn/data/sk/101040100.html。其中，101040100 为数据库中查询到的城市编码。注：该数据并不准确，此处仅作测试使用。

行 95：显示获取的原始数据。

行 96：开始解析返回的 JSON 数据。

行 105～107：显示解析后的 JSON 数据。

行 116：启用该线程。

7.7 实　训

实训目的

编写一个网络图片浏览器。通过该实例了解网络资源访问方法。

实训步骤

(1) 制作程序主界面布局 activity_main.xml 文件，包括输入图片网址的 EditText 组件、访问按钮 Button 和图片显示组件 Image View。清单如下：

```
<?xml version="1.0" encoding="utf-8"?>
<LinearLayout xmlns:android="http://schemas.android.com/apk/res/android"
    xmlns:app="http://schemas.android.com/apk/res-auto"
    xmlns:tools="http://schemas.android.com/tools"
    android:layout_width="match_parent"
    android:layout_height="match_parent"
    android:orientation="vertical"
    tools:context=".MainActivity">

    <EditText
        android:id="@+id/ET_Url"
        android:layout_width="match_parent"
        android:layout_height="wrap_content" />

```

```
        <Button
            android:id="@+id/btn_get"
            android:layout_width="match_parent"
            android:layout_height="wrap_content"
            android:text="获取网络图片"
           android:onClick="btn_click" />

        <ImageView
            android:id="@+id/ImgView"
            android:layout_width="match_parent"
            android:layout_height="wrap_content" />

    </LinearLayout>
```

(2) 在清单文件 AndroidManifest.xml 中添加网络访问权限。

```
<uses-permission android:name="android.permission.INTERNET"/>
```

(3) 在 MainActivity 中编写代码，将服务器返回的图片显示在界面上。清单如下：

```
public class MainActivity extends AppCompatActivity {
    protected static final int CHANGE_UI = 1;
    protected static final int ERROR = 2;
    private EditText et_url;
    private ImageView imgView;
    private Handler handler = new Handler() {
        public void handleMessage(android.os.Message msg) {
            if (msg.what == CHANGE_UI) {
                Bitmap bitmap = (Bitmap) msg.obj;
                imgView.setImageBitmap(bitmap);
            } else if (msg.what == ERROR) {
                Toast.makeText(MainActivity.this, "显示图片错误",
                        Toast.LENGTH_SHORT).show();
            }
        }
    };
    @Override
    protected void onCreate(Bundle savedInstanceState) {
        super.onCreate(savedInstanceState);
        setContentView(R.layout.activity_main);
        et_url = (EditText) findViewById(R.id.ET_Url);
        imgView = (ImageView) findViewById(R.id.ImgView);
```

```
        }
        public void btn_click(View view) {
            final String path = et_url.getText().toString().trim();
            if (TextUtils.isEmpty(path)) {
                Toast.makeText(this, "图片路径不能为空", Toast.LENGTH_SHORT).show();
            } else {
                new Thread() {
                    private HttpURLConnection conn;
                    private Bitmap bitmap;
                    public void run() {
                        try {
                            URL url = new URL(path);
                            conn = (HttpURLConnection) url.openConnection();
                            conn.setRequestMethod("GET");
                            conn.setConnectTimeout(5000);
                            int code = conn.getResponseCode();
                            if (code == 200) {
                                InputStream is = conn.getInputStream();
                                bitmap = BitmapFactory.decodeStream(is);
                                Message msg = new Message();
                                msg.what = CHANGE_UI;
                                msg.obj = bitmap;
                                handler.sendMessage(msg);
                            } else {
                                Message msg = new Message();
                                msg.what = ERROR;
                                handler.sendMessage(msg);
                            }
                        } catch (Exception e) {
                            e.printStackTrace();
                            Message msg = new Message();
                            msg.what = ERROR;
                            handler.sendMessage(msg);
                        }
                        conn.disconnect();
                    }
                }.start();
            }
        }}
```

(4) 运行程序，输入网络图片地址，查看运行结果。

本章小结

本章通过列举 WebView 控件使用、HTTP 访问网络、解析 XML、JSON 格式数据以及使用、WebService 获取网络服务等示例，讲解了 Android 中的网络通信的相关代码编写，通过本章的系统学习，读者对网络通信的编程应该有所了解。天气预报 App 的编写示例进一步帮助开发人员掌握网络应用的数据获取和数据解析方法。

本章习题

1．JSON 数据解析有哪些方式？

2．XML 解析有几种方式？各有什么样的特点？

参 考 文 献

[1] 欧阳燊. Android Studio 开发实战：从零基础到 App 上线[M]. 2 版. 北京：清华大学出版社，2018.
[2] 明日学院. Android 开发从入门到精通[M]. 项目案例版. 北京：水利水电出版社，2017.
[3] 飞雪无情. Android Gradle 权威指南[M]. 北京：人民邮电出版社，2017.
[4] 李刚. 疯狂 Android 讲义[M]. Kotlin 版. 北京：电子工业出版社，2018.
[5] 唐亮，杜秋阳. 用微课学 Android 开发基础[M]. 北京：高等教育出版社，2016.
[6] 唐亮，周羽. 用微课学 Android 高级开发[M]. 北京：高等教育出版社，2016.
[7] 陈承欢，赵志茹. Android 移动应用开发任务驱动教程[M]. 北京：电子工业出版社，2016.
[8] https://blog.csdn.net/wenzhi20102321/article/details/53282313
[9] https://blog.csdn.net/qq_25804863/article/details/80594772
[10] https://www.cnblogs.com/shen-hua/p/5709663.html
[11] https://www.cnblogs.com/gzdaijie/p/5222191.html
[12] https://www.cnblogs.com/web424/p/6961764.html
[13] https://www.cnblogs.com/labixiaoxin/p/5032951.html
[14] https://blog.csdn.net/zhugewendu/article/details/72977790

XDUP 622000
封面设计：倚天

Android
应用程序开发

ISBN 978-7-5606-5918-3

9 787560 659183 >

定价：38.00元